光・電波・電磁波の基本と応用がよくわかる本

堀越 智・三谷 友彦・樫村 京一郎［共著］

Ohmsha

はじめに

学生から「電磁気学って、何の役に立つのだろう？」と聞かれることがあります。また、ある大学では、1 年生の必修科目として履修する「電磁気学」で、多くの学生が単位を落とし、留年が決定するということを聞いたことがあります。期待に満ち溢れた大学生活の夏が、電磁気学のせいで、気重な夏に変わってしまうようです。

なぜ「電磁気学」は難解な学問なのでしょうか？

その理由として、大学の物理は、高校までの物理に比べ一気に難易度が上がり、数学感が強くなったことで苦手意識が出てしまうことが多いようです。「電磁気学」の授業では、微積分やベクトル解析を基礎として説明し、電磁波の全体像が理解できないまま、「これって数学？」と興味が薄れることもあるようです。

一方で電磁気学で扱われる光や電波は、21 世紀型の新エネルギーとして、さまざまな利用が広がっており、さらに光や電波を利用した製品の研究開発も盛んに行われています。ただ、技術者や研究者は、すでにユニット化された光や電波を「道具として」使うにとどまっており、これを使いこなすには至っていません。

「ちょっと待ってください！」

電磁気学の難しいイメージを捨て、まずは光や電波の奥深さや凄さを感じてみてください。本書は、この点を読者に感じてもらうため、図解を中心として、1 章では電磁波の基礎、2〜3 章で量子やエネルギーについて、4〜5 章では光やマイクロ波の歴史や応用について、イメージしながら理解ができるように構成しました。

もし途中で理解ができないところがあっても、そのまま読み進めていただけるように、各論で完結するような構成にしてあります。ぜひ、電磁波との距離を縮めるためのきっかけの本としてください。

電磁波を学ぶまたは研究に取り入れている学生諸君、光や電波を利用するエンジニアや研究員の方々、大学時代の苦い経験に「再挑戦」したい方などに向けて、「電磁気学」の入り口という位置付けの本としてまとめています。

最後に、方程式を極力使わず、直感でイメージできるように「光や電波」を解説する難業を行っていただいた、2名の共著者に謝意を表します。また、株式会社オーム社の皆さまには、社会混乱の中、激励をいただき出版までたどり着きました。また、学生目線で評価をしてくれた著者研究室所属の学生諸君、研究者目線で指摘をしてくれた妻（奈津子）にも心から感謝いたします。

なお、この本では多くのご教示を学術的な文献やインターネットから得ており、本書の紙面を借り、著者を代表してお礼を申し上げます。

2021年8月

オリンピック・パラリンピックの感動下の東京より

上智大学　堀越　智

目　次

1章

電磁波の基礎

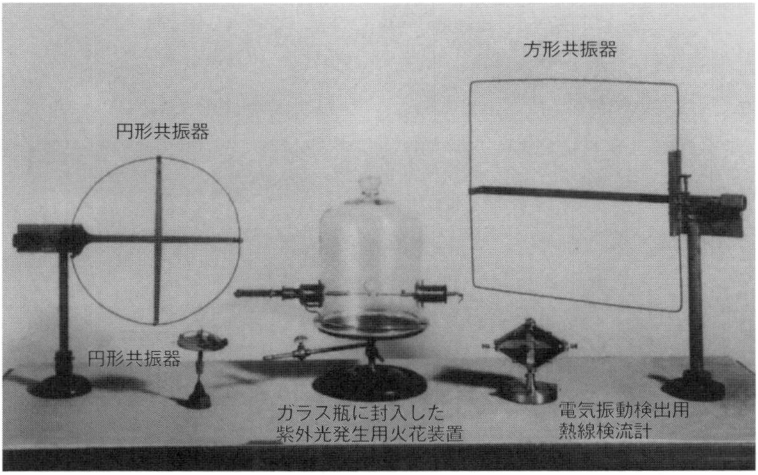

ドイツの物理学者ハインリッヒ・ヘルツの電磁波研究装置（1886年製）。
ベルリンアカデミーの懸賞で公募されていた「マックスウェル理論の証明」を実証した実験装置です。これによって、電磁波の理論を見事に証明することに成功しました（1-3 節）。

［図の出典：郵政博物館］

1-1 ✦「電」「磁」「波」

電磁波とは？

「電磁波」とは何でしょうか？　いきなりいわれると、「言葉は知っているけど、何だったっけ……」と思う人が多いと思います。インターネットで「電磁波」と検索すると、「安全性」や「対策」などのホームページが上位にヒットします。どうも、電磁波に対する人々の注目は、「安全や安心」に関わる内容のようです。「幽霊の正体見たり枯れ尾花」という言葉がありますが、疑心暗鬼で物事を見ると、悪いほうに想像が膨らんで、ありもしないことも恐れるようになるものです。

当然至極な「電磁波」ですが、でも「説明して」といわれると、うまく説明をすることができない、この「電磁波」の説明から始めることにします。

漢字から理解する電磁波

漢字は非常に便利な文字です。「でんじは」という言葉を漢字で書くと、「電」と「磁」と「波」に分けることができます。「電」という言葉は、電気、電子、電力など電気的な想像をすることができます。また「磁」という言葉は、磁石や磁力など、磁気的な想像をすることができます。この直感的な想像に任せると「電磁」とは電気的なものと磁気的なものに関係しているようです。まずは電気と磁気の説明から始めることにします。

電気と磁気

皆さんは、髪の毛を下敷きで擦ると髪の毛が下敷きに引っ付くという経験をしたことがあるでしょう。髪の毛には正（プラス）の静電気が発生し、下敷きには負（マイナス）の静電気が発生し、プラスとマイナスが引き寄せ合うために髪の毛が下敷きに引っ付きます。もし、髪の毛の代わりに負の静電気が発生するようなものを下敷きに近づければ、お互いに反発するはずです。

このように、正の静電気と負の静電気が近づくと引き寄せ合いますが、正どうしや負どうしの静電気が近づくと反発します。また、二つの磁石が引っ付いたり、反発したりすることも知っていると思います。磁石のN極とS極を近づけると引き寄せ合いますが、N極どうしやS極どうしを近づけると反発します。つまり電気（この例では静電気）や磁気（この例では磁石）をもつ物体は、**図1**に示すような性質をもっていることがわかります。

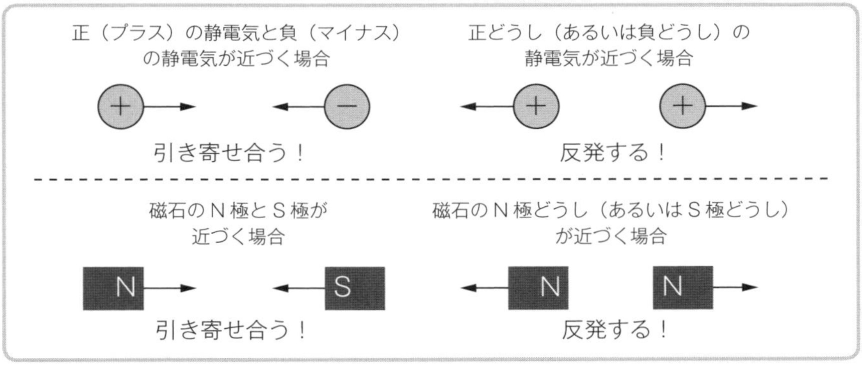

図1　（上）電気や（下）磁気をもつ物体の基本的な性質のイメージ。相手によっては引き寄せ合い、また反発する。

この「引き寄せ合う」とか「反発する」という現象は、実際に物体（下敷きとか磁石）の移動を伴うので、物体に何かしらの力が加わっていることを意味します。それでは、電気や磁気をもつ物体に対して力を加えているのは一体何なのでしょう？　先ほど示した**図1**の場合は、もう一方の静電気あるいは磁石が具体的に力を加えているものになります。では、このように、物を使わずに「電気的な力」あるいは「磁気的な力」を加えるための「何か」とは何でしょうか？　この「何か」は、「**電界**」または「**磁界**」とよばれています。

電界や磁界は「電場」や「磁場」という言葉でも表現されます。「界」と「場」は日本語としては同じ意味で、英語ではどちらも「field」という単語が使われており、「ある目的のために割り当てられた領域」というように解釈できます。本書では電界、磁界で統一します。

次に、具体的な電界の説明を進めます。**図2**の左図は、正（プラス）の電気を帯びた球と、負（マイナス）の電気を帯びた球との間に存在する電界を矢印で表したイメージ図です。**図2**の右図は正の電気を帯びた板（＋極）と負の電気を帯びた板（－極）との間に存在する電界を矢印で表しています。矢印の向きは電界の向きを表しており、電界の向きは「正から負へ向かう方向」と定義されます。この矢印は、電界がもつ電気的な力の大きさや向きを表現していることにもなります。例えば電界が存在する空間の中に電子（マイナスの電気を帯びた粒子）が置かれると、電子は電界の矢印の向きとは逆の方向に引っ張られるという性質をもっています。

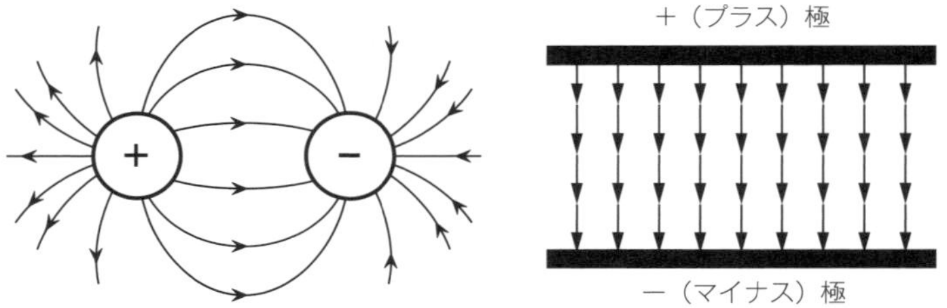

図2 **さまざまな電界の様子。電界の向きは正から負へ向かう矢印で表している。**

図3 は具体的な磁界のイメージ図を表しています。この図は棒磁石に発生する磁界の様子を矢印で表していて、「N 極から S 極へ向かう方向」が磁界の向きになります。**図2** や **図3** は条件が変わらない限り変化しないことから、**時間的に変化しない**電界や磁界になります。このような時間的に変化しない電界や磁界のことを「静電界」や「静磁界」とよびます。

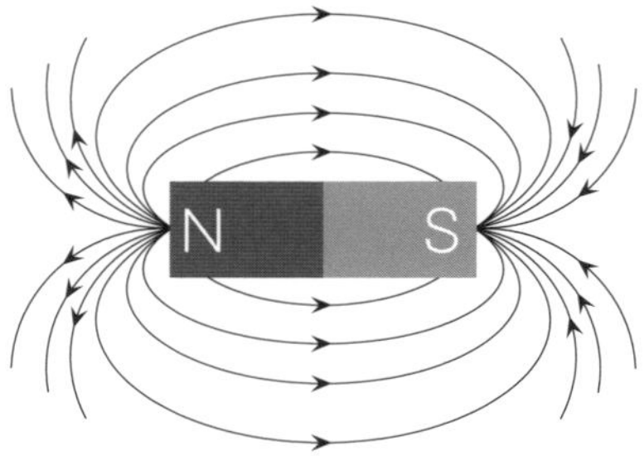

図3 **棒磁石に発生する磁界の様子**

それでは、「電」と「磁」の波である電磁波は、「静電界」や「静磁界」で構成されているのでしょうか？　実は、時間的に変化しない電界や磁界ではなく、時間的に「変化する」電界や磁界で、電磁波は構成されています。この「電界」と「磁界」を合わせた総称を「電磁界」とよびます（電磁場ともいいます）。また、電磁波を構成する電界や磁界は、時間的だけではなく空間的にも変化しています。そして、「電界と磁界の空間的・時間的な変動が伝播《でんぱ》（伝搬）する様子」を「電磁波」とよぶのです。

ここまでの話を**図4**でまとめておきましょう。「電界」と「磁界」を合わせた総称である「電磁界」の中で、空間的かつ時間的に変動し、空間中を伝播するものを「電磁波」とよびます。よって、電磁波はさまざまな振る舞い方をもつ電磁界のうちの一表現だといえるでしょう。

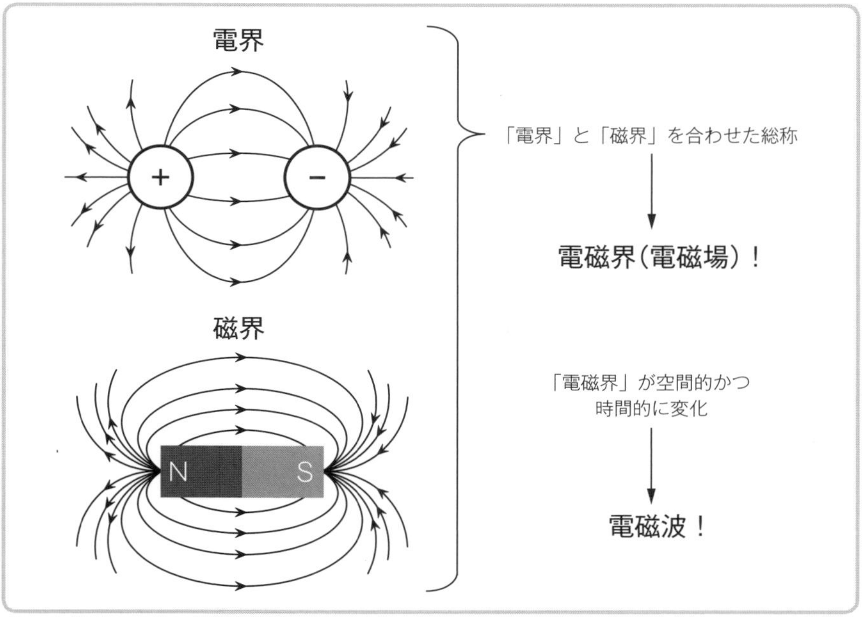

図4　電磁界と電磁波の違い

また、電磁波を理解する上でとても重要なことがあります。それは、電磁波の電界や磁界はそれぞれ「独立には存在できない」という点です。というのも、電界が空間的あるいは時間的に変動すると、その電界の周りには必ず磁界が発生します。逆に、磁界が空間的あるいは時間的に変動すると、その磁界の周りには必ず電界が発生するのです。

このように電磁波は、電界だけの波や磁界だけの波が独立して好き勝手に飛び回っているのではなく、電界と磁界が相互に影響を及ぼしながら伝播します。電磁波の「電」と「磁」は、言葉で繋がっているだけではなく、実際の物理現象の中でもお互い密接に結びついているのです。

✦ Column　電磁波＝電波？

「電磁波は電界と磁界の変動だから、例外的に電界だけが変動するものが電波なの？」と思う人もいるかもしれません。本当に電波には磁界がないのでしょうか？　実は、電磁波を分類する上で、その一つを電波とよんでいるだけなのです（5 章参照）。ちなみに、光も電磁波の一種で（4 章参照）、電波も光も同類です。

1-2 ✦ 電磁波の「波（は）」

波のイメージ

前節までに電磁波の「電」と「磁」について説明しました。残りは「波（は）」です。ところで、「波（なみ）」というと、皆さんは多様（海辺の波、音の波、好不調の波、etc.）なイメージをもっていると思います。これが文学や芸術であれば、言葉の多様性を受け入れて楽しむことができますが（**図 5**）、波を科学の中で扱う場合には、統一されたイメージをもつ必要があります。身近な波ですが、波にはいろいろな種類があるので、本節ではまず電磁波の波について、しっかりと整理することにします。

図 5　波の形を決めよう。

国語辞典で「波」という言葉を調べると、その定義の一つに「波動と同じ」とあります。波動とは何でしょうか？　それは「空間的にも時間的にも変動するような場の運動」と記されています。何やら難しそうな説明ですが、海の波を例に波動を説明します。

図6 左のように、砂浜付近でしばらく立っていると、潮の満ち引きによって波が足先だけにかかるときもあれば、ひざ下まで浸かるときもあります。つまりこれは、ある場所で波を観測することによって、波が時間的に変動していることを体験しているわけです。また別の例えとして、**図6** 右の葛飾北斎『富嶽三十六景 神奈川沖浪裏』に描かれている風景をみれば、時間的には止まっている波が空間的には変動（変わりながら動く）している様子が見てとれます。

図6 **波のイメージの一例。左のように砂浜付近で海の波を観察すると、波が時間的に変化していることを体感できる。また、右図の『富嶽三十六景 神奈川沖浪裏』は、ある時刻での波の空間的な変化をみることができる。**

このように、「波動」とは空間的かつ時間的に絶えず変動し、空間中を伝播している様子を表す言葉なのです。

sin、cos の復習

電磁波工学あるいは電気電子工学とよばれる学問分野では、「正弦波」とよばれる波を用います。ここで唐突ですが、高校時代の数学で sin（サイン）とか cos（コサイン）という三角関数を習ったことを思い出してみてください。当時は「これって何の役に立つの？」と感じたかもしれませんが、実はこの sin、cos こそが波の定義そのものなのです。とはいえ、「そんなことを急にいわれても…」と思うでしょう。この節では sin、cos の復習を兼ねて波の形について説明します。

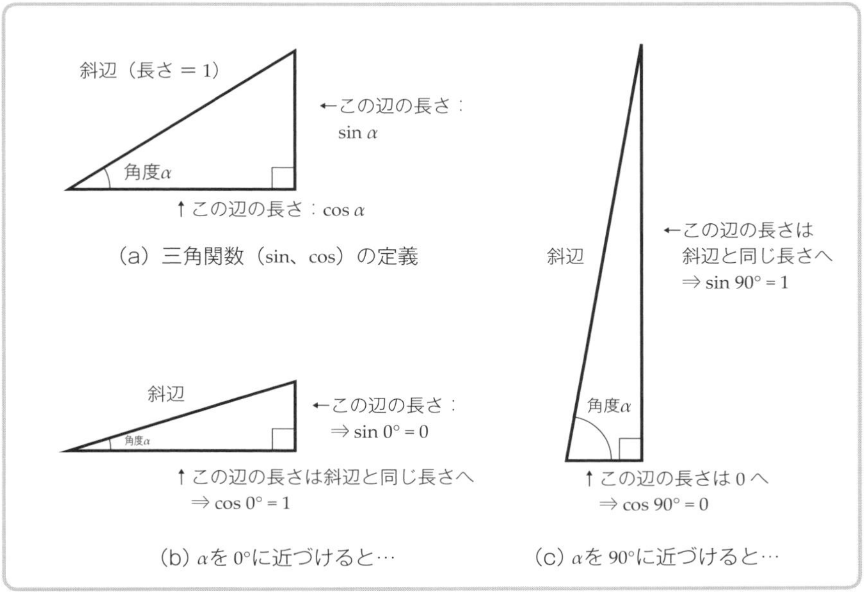

図7 三角関数の定義

三角関数で出てくる sin、cos の定義は、直角三角形が起源です（三角形が起源だから「三角関数」という言葉になっている）。**図7**（a）に示すように直角三角形の斜辺の長さを1とし、斜辺とは別の辺と斜辺で作られる角度αを（アルファ）とします。sin、cos とは、このときの「斜辺とは別の辺」の長さを $\cos\alpha$ とし、直角三角形の残ったもう一つの辺の長さを $\sin\alpha$ としているだけなのです（単なる定義です）。

では、斜辺の長さを1のままにして角度αを変化させると、$\sin\alpha$ や $\cos\alpha$ は、どのように変化するでしょうか？

図7（b）のように角度αを徐々に0°に近づけると、斜辺は $\cos\alpha$ と同じ長さに近づいていき、$\sin\alpha$ の長さは徐々に0に近づきます。つまり、斜辺の長さが1に対して $\sin 0^\circ = 0$ で $\cos 0^\circ = 1$ と表すことができます。

図7（c）のように角度αを徐々に90°に近づけた場合はどうなると思いますか？　$\sin\alpha$ は徐々に斜辺と同じ長さ、すなわち1に近づき、逆に $\cos\alpha$ は0に近づき、$\sin 90^\circ = 1$、$\cos 90^\circ = 0$ と表すことができます。

それでは、今度は α が 90° を超えるとどうなるでしょう？　この場合、もはや直角三角形を作ることができませんが、**図8**に示すように鏡写しの反対側に、無理やり直角三角形を作ることで、α が 90° を超えたときの $\sin\alpha$ や $\cos\alpha$ を表すことができます。ただし、鏡写しの位置に無理やり直角三角形を作ってしまったことに対して辻褄を合わせる必要があり、「鏡写しによって反転した辺に対しては辺の長さの前に－（マイナス）を付ける」というルールを追加します。

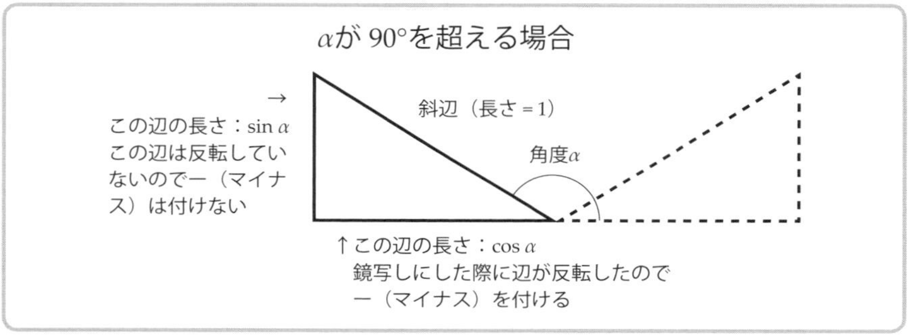

図8　90° 以上の角度の三角関数のルール

このルールにより、α が 90° を超えたときの $\sin\alpha$ や $\cos\alpha$ を求めることが可能になります。ここでは、$\sin\alpha$ は紙面の縦方向の辺の長さ、$\cos\alpha$ は紙面横方向の辺の長さとしており、直角三角形を横方向に反転すると $\cos\alpha$ をマイナスにする必要があります。逆に直角三角形を縦方向に反転した場合は $\sin\alpha$ をマイナスにしましょう。

以上のルールに加えて、「角度は 1 回転して元に戻ること」と「反時計回りに角度が増える方向を角度の正方向とし、時計回りに角度が増える方向を角度の負方向（つまり角度に－をつける）とする。」というルールを追加すれば、あらゆる角度 α に対する $\sin\alpha$ と $\cos\alpha$ の計算が可能になります。

ここで、**図9**に示すように直角三角形の $\cos\alpha$ を x 軸上にとり、角度 α の頂点を xy 座標の原点とします。このとき、直角三角形の斜辺の頂点（i）が長さを変えず（ii）を出発点として角度 α を変化させると、反時計回りに動き、円になります。例えば、直角三角形の斜辺の長さを「1」とすると、半径 1 の円になることがわかると思います。また、このときの xy 座標上の（x, y）の値が、（$\cos\alpha, \sin\alpha$）に対応することも想像がつくでしょう。ここで、角度 α を横軸にとり $y=\sin\alpha$ を縦軸にとっての軌跡を描くと――何と $\sin\alpha$ は「波のような形」になるのです！　この波のことを「正弦波」とよび、電磁波で扱う波は正弦波になります。

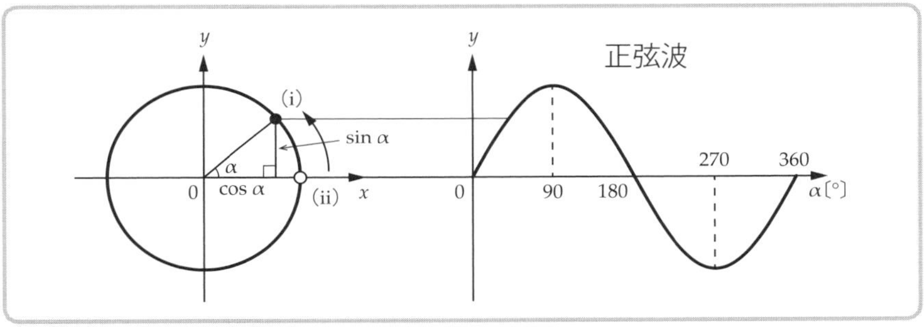

図9　直角三角形の角度 α と、円周上を移動する黒い点（i）の y 座標 $\sin\alpha$ との関係。$\sin\alpha$ が表現する波を正弦波とよぶ。

✦ Column　名称をより詳しく

次の図には波の各要素の名称を示しました。振動の大きさは振幅といい電界や磁界の強度を表すことになります。また波が上に上った部分を山といい、下に下がった部分を谷とよびます。波長に関しては 1-4 節で詳しく説明します。

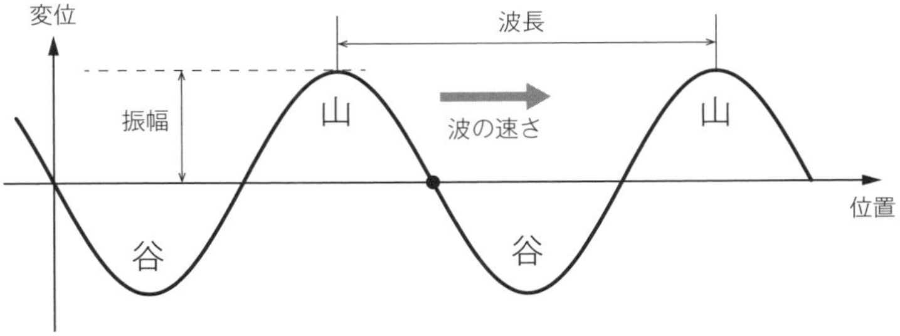

1-3 ✦ 電磁波の理解

電磁波を理解する四つの法則

前節では、電磁波は「電界と磁界の空間的・時間的な変動が伝播する波」であることを示しました。ところで、電磁波の成分が「電界」と「磁界」であることが、どのように解明されてきたのでしょうか？　本節では歴史的背景を基礎として、電磁波の理解について説明します。

電磁波の存在を理論的に予言したのは、20世紀の大天才といわれたジェームス・クラーク・マックスウェル（1831–1879、イギリス）です（**図 10**）。彼は電磁波の振る舞いを司る「マックスウェル方程式」を作り、1865年に方程式を用いて電磁波の存在を体系的に明らかにするとともに、光も電磁波の一種であることを提唱しました。光の諸現象に関してはマックスウェル方程式以前にもさまざまな法則が導出されていましたが（第4章参照）、マックスウェル方程式によって初めて電磁波と光が理論的に繋がりました。

図 10　マックスウェル方程式を導出したジェームス・クラーク・マックスウェルの肖像

このマックスウェル方程式はマックスウェルがすべてを独自に導き出したのではなく、それ以前に明らかになっていた物理法則を組み合わせて作られました。元となった法則は「アンペールの法則」「ファラデーの電磁誘導の法則」「ガウスの法則」です。

アンペールの法則

アンペールの法則は、1820年にアンドレ・マリー・アンペール（1775–1836、フランス）（**図 11**(a)）が発見した法則です。この法則は、ハンス・クリスティアン・エルステッド（1777–1851、デンマーク）が行った「電流の磁気作用」の実験を基礎としています。エルステッドは導線を電池に繋ぎ、この導線と磁石を平行に配置して直流電流を流したところ、磁石が 90° 回転することを発見しました（**図 11**(b)）。

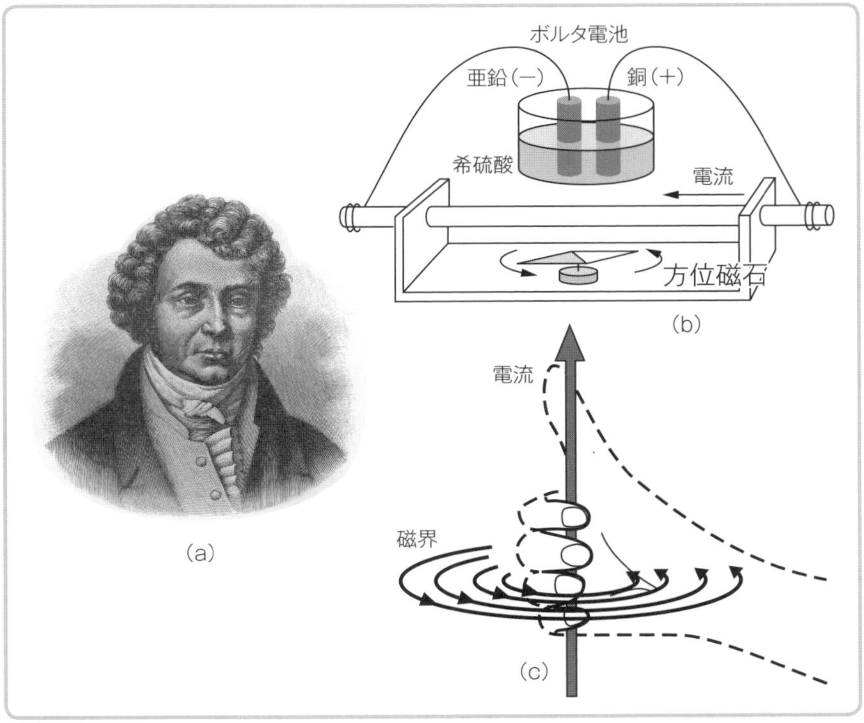

図 11 (a) アンドレ・マリー・アンペールの肖像、(b) ハンス・クリスティアン・エルステッドが行った「電流の磁気作用」の実験（エルステッドの実験）、(c) アンペールの法則（右手の法則）の概念図

このエルステッドの実験報告を見たアンペールは、ごく短時間、電線に電流を流した際に磁力がどのように発生しているかを研究し、電流の流れる方向に対して右回りの方向に磁界が発生することを突き止めました。アンペールの法則は、電流と磁界の方向を示す法則で、右手を使ってこの法則を覚えることができます。**図 11**(c) のように、右手の親指を立て、残りの指を丸めたときに、親指の向く方向が電流の方向、残りの指の方向が磁界の方向となります。このように覚えることから「右手の法則」とか「右ねじの法則」ともよばれます。

ファラデーの電磁誘導の法則

ファラデーの電磁誘導の法則は、1831年にマイケル・ファラデー（1791–1867、イギリス）（**図12**(a)）が発見した法則です。ファラデーは2組のコイルのうち一方のコイルに電流を流したり、流すのを止めたりした瞬間にのみ、他方のコイルに電流が流れ、「磁気によって電流が発生」することを発見しました。また、**図12**(b)のように、磁石をコイルの中に出し入れすると、コイルに電流（誘導電流）が発生することも突き止めました。

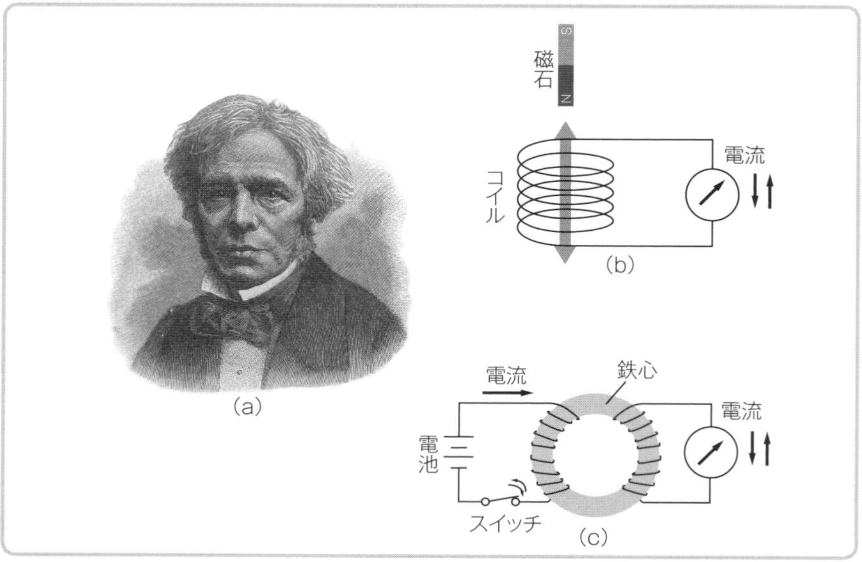

図12 (a)マイケル・ファラデーの肖像、(b)磁石とコイルを用いた電磁誘導による電流が発生する実験イメージ、(c)鉄心とコイルを用いた電磁誘導による電流が発生する実験イメージ

この電磁誘導現象は、最終的には磁束密度（p.31参照）（あるいは磁束）の時間変化によって電界（あるいは起電力）が発生する現象としてまとめられ、電磁波への応用だけでなく発電機やモーターなどのさまざまな機器に幅広く応用されています。駅の改札で使うICカードやスマートフォンを置くだけで充電できる装置も電磁誘導現象を利用したものです。

ガウスの法則

ガウスの法則は、1835年にカール・フリードリヒ・ガウス（1777–1855、ドイツ）（**図13**左）が発見した法則です。ガウスは数学の分野において数多くの有名な法則を発明しましたが、物理学の分野においても多大な貢献をなしとげました。

図13 カール・フリードリヒ・ガウスの肖像（左）とシャルル・オーギュスタン・ド・クーロンの肖像（右）

ガウスの法則は、シャルル・オーギュスタン・ド・クーロン（1736–1806、フランス）（**図13**右）が1785年に発見した「クーロンの法則」を発展させたものです。点電荷を囲むような球体の表面上での電界強度と球体の表面積との積は、電荷量を誘電率で割った値に等しいとして方程式を導出しました。「電荷」とは粒子や物体が帯びている電気の量を指します。

ガウスの法則は磁界にも適用することができるのですが、磁石には必ずN極とS極があり、点電荷に対応するような点磁荷というものは存在しません。よって磁界に対するガウスの法則は、磁石を囲むような球体の表面上での磁界強度と表面積との積は必ず0になる、という表現になります。

マックスウェルの方程式

これらの法則をまとめると、

- アンペールの法則は電流と磁界の関係
- ファラデーの電磁誘導の法則は磁束密度と電界の関係
- ガウスの法則は電界と電荷の関係、および磁界あるいは磁束密度と磁石の関係を表しています。

また、電荷がある速度をもって移動することは電気が流れることそのものといえるので、ある点の電荷の時間変化が電流と関係することも想像できます。さらに電界と電荷にそれぞれ時間変化（数式上は時間の微分を考える）を与えれば、ガウスの法則は電界の時間変化と電荷の時間変化、つまり電流との関係を表していることになります。最終的にこれらの法則は、電流と磁界、磁束密度の時間変化と電界、電界の時間変化と電流を結びつけていることになります。

ということは、あとは電界の時間変化と磁界の関係が結びつけば、電界、電流、磁界のすべてが結びつくことになります。これを実際に結びつけたのがマックスウェルでした。

具体的には、アンペールの法則の電流の部分に「変位電流」とよばれる項を加えたのです。マックスウェルは変位電流を電荷の移動によって流れる直接的な電流ではなく、電界（あるいは電束密度）の時間変化によって発生した電流としてアンペールの法則に組み込むことで電界の時間変化と磁界の関係を結びつけました。それらの成果は、方程式の形（マックスウェル方程式）にしてロンドンの王立学会で1864年に発表されました。**図14**にマックスウェル方程式と、その概略を示します。

図14に含まれる数式について、少し補足説明します。

①ガウスの法則のdivはdivergenceの略で、その後ろのベクトルからの発散とよばれる数学記号です。この場合は、電荷Qの含まれる空間で電界がどの程度増減したかを意味しています。ρは電荷体積密度（あるいは単に電荷密度）とよばれ、この空間内にどの程度電荷が存在するのかの割合を示す記号です。そのため、①ガウスの法則の左辺は「電界がどれだけ増減したか」であり、右辺は「電界がどれだけ存在するか」を表していることになります。

③アンペールの法則のrotとはrotationの略で、その後ろのベクトルを回転させる意味をもつ数学記号です。そのため、③アンペールの法則の左辺は「回転する磁界」であり、右辺は「電流」を表しています。divやrotのような後ろのベクトルに作用する数学記号をベクトル演算子といいます。

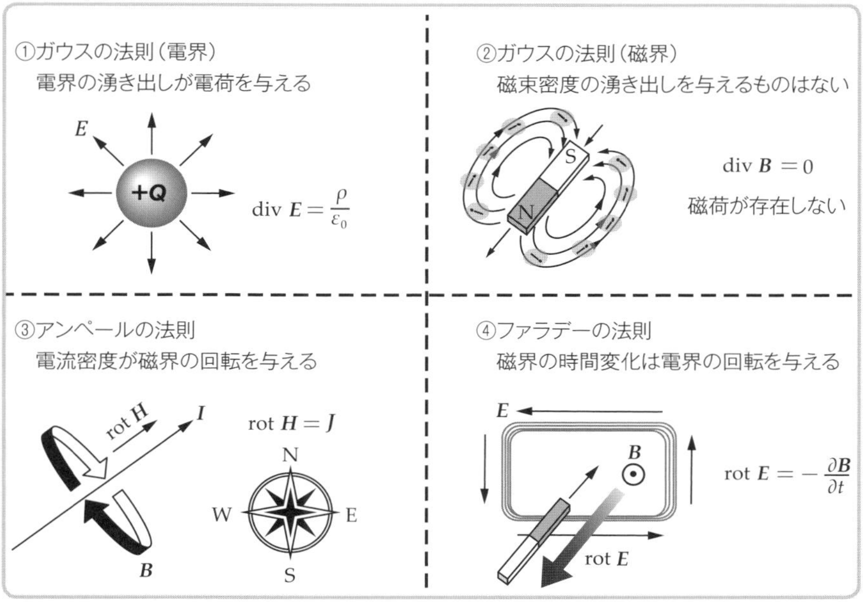

図14　マックスウェル方程式とその概略。E：電界、H：磁界、D：電束密度、B：磁束密度、J：電流密度、ρ：電荷体積密度、ε_0：真空の誘電率、∂：偏微分記号、rot：回転を表すベクトル演算子、rotation の略、div：発散を表すベクトル演算子、divergence の略。記号についている矢印はその記号が表す量がベクトル（大きさと向きをもつ量）であることを示している。

導線に電流を流すと、導線のまわりに、電流とは垂直な方向の磁界が発生します。このとき、導線に流す電流の向きを変化させると、磁界の向きも変化します。磁界が変化すると、磁界に垂直な方向に電界が生じます。

このように、電界の変化が磁界を生じ、磁界の変化が電界を生じるという過程が繰り返されます。その結果、電界と磁界がお互いに直交するように発生しながら空間を伝わっていきます。この繰り返しで発生する波が**電磁波の正体**です。**図15**に示すように、電磁波は電界と磁界の変化を繰り返して伝わるため、音波とは異なり媒質がない真空中でも伝わることができるのです。

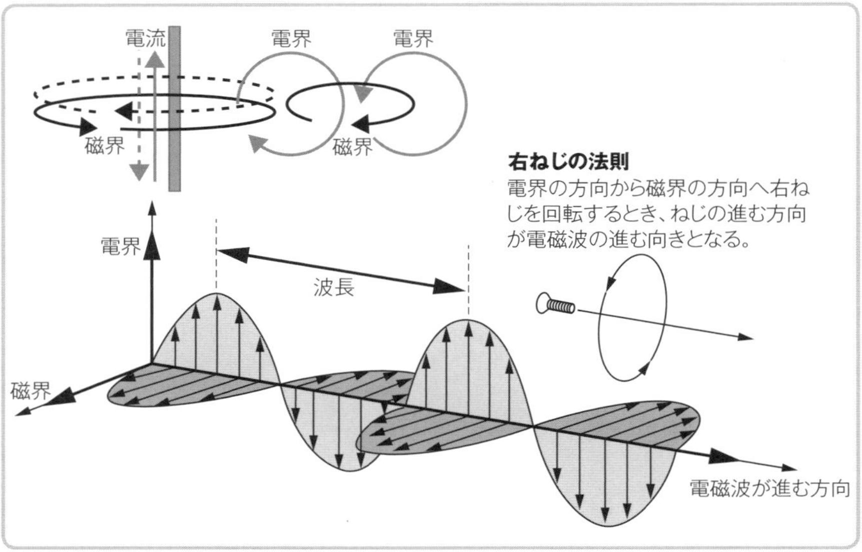

図 15 電磁波の発生と電界や磁界が進むイメージ図

光と電磁波の関係

マックスウェル方程式は電磁波の振る舞いを司る最も重要な方程式ですが、マックスウェル方程式の完成によって導き出されたもう一つの重要な予想がありました。それは「光も電磁波ではないのか？」という予測です。

図 16 ハインリッヒ・ルドルフ・ヘルツの肖像

このような考えに至ったのは、マックスウェル方程式から電磁波の伝播を表す方程式（波動方程式）を導出した際に、その波動方程式内に現れる定数が光の速さにほぼ一致したからなのです。この定数は、具体的には真空の誘電率と真空の透磁率の積のことであり、これら二つの定数の積の逆数が光の速さの 2 乗にほぼ一致したのでした。

このマックスウェルの予測は、ハインリッヒ・ルドルフ・ヘルツ（1857–

1894、ドイツ）（**図 16**）によって実証されました。ヘルツは 1888 年に電磁波の存在を実証し、マックスウェル方程式が正しいことを証明したのです。以上の歴史が明らかにするように、電磁波の理論体系は多くの研究者の総合的な成果であり、19 世紀に完成しました。

✦ Column　定常的な力線や場から光の速さで移動する波へ

日本人ノーベル賞受賞者が科学に興味をもつきっかけをつくったとして、『ロウソクの科学』という本が有名になりました。実はこの本は、ファラデーの電磁誘導の法則を発見したマイケル・ファラデーが、少年少女たちに向けた「クリスマスの講演会」という、今でいう市民講座の内容をまとめた本なのです。

ファラデーは貧しい暮らしの幼少時代を過ごしており、十分な教育を受けていなかったので、数学が苦手だったといわれています。そのため、科学者になった後の著書にも数式がほとんど出てきませんが、その分、科学的な現象を直感的に理解し、実験によって確かめ、また、それをわかりやすい言葉で解説する能力に長けていたといわれています。当時、ファラデーは著書『電気学の実験研究』（Experimental researches in electricity）などで、力線や場の考えを述べていましたが、科学界では認められなかったようです。

しかし、この考えに注目をしていたのが数学者だったマックスウェルでした。マックスウェルは数式で、ファラデーが考えた定常的な場を、光の速さで移動する波である電磁波に押し上げたのです。

1-4 ✦ 電磁波の「は・じ・き」

国際単位系（SI）

（速さ）＝（距離）÷（時間）の公式は、小学校で「は・じ・き」で覚えた方も多いでしょう（**図 17**）。

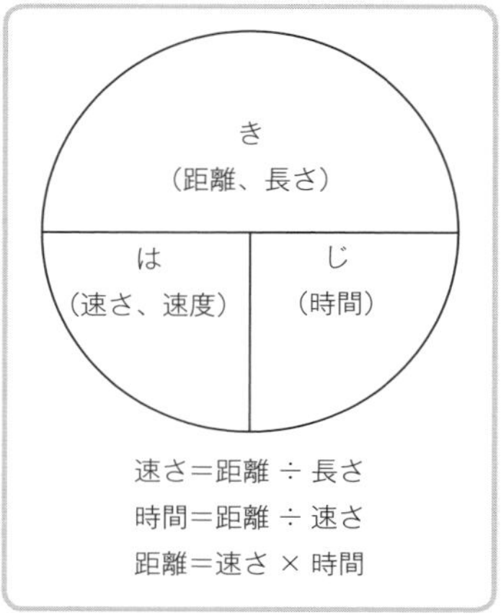

図 17 速さ、時間、距離の関係「は・じ・き」

例えば、車が 1 時間に 60 km の距離を進むと速さは時速 60 km ということがわかります。このように、速さ、距離、時間は密接に関係しており、時間と距離（長さ）は学問上最も基本的な単位（基本単位）の一つとして知られています

それでは、このような基本単位はどのように決められているのでしょうか？　それは国際度量衡総会という会議で「国際単位系（SI）」として定められています。国際単位系によって定められている七つの基本単位とその定義を**表 1** にまとめました。SI は 2019 年 5 月に新しい定義が施行されたので、昔の定義をご存じの方は新しい定義と比較してみてください。なお、SI は Système International d'unités（フランス語）の略称です。

SI では「SI 接頭辞」というものも決められています。単位の前に書かれる数字の桁数が大きくなると記述が長くなって理解しにくいため、大きな量や小さな量を表す際に SI 接頭辞を用います。

接頭辞といわれると何やら難しそうですが、例えば「3 000 m マラソン大会」と書くと、過酷なマラソンを想像しますが、「3 km マラソン大会」と書くと町内マラソン大会などと連想できるのでホッとします。この例だと、km（キロメートル）の k（キロ）が SI 接頭辞で、m（メートル）が長さの単位です。

例えば、1 km＝1 000 m なので k（キロ）は 1 000 倍を表しています。ある

いは1 m＝1 000 mmなのでメートルの前に付けたm（ミリ）は1/1 000倍を表します。

表1　**国際単位系（SI）における七つの基本単位とその定義**

表される量	記号	呼び方	定義
時間	s	秒	非摂動基底状態にあるセシウム（Cs）133原子の超微細構造の周波数を9 192 631 770 Hzと定めることで設定。Hzは周波数の単位であり、1Hz＝1/s＝1 s^{-1}。
長さ	m	メートル	真空中における光の速度を299 792 458 m/sと定めることで設定。
質量	kg	キログラム	プランク定数を6.626 070 15×10^{-34} J·sと定めることで設定。J（ジュール）はエネルギーの単位であり、1 J＝1 m^2kg/s^2。
電流	A	アンペア	電気素量を1.602 176 634×10^{-19} Cと定めることで設定。C（クーロン）は電荷の単位であり1 C＝1 A·s。
温度	K	ケルビン	ボルツマン定数を1.380 649×10^{-23} J/Kと定めることにより設定。
物質量	mol	モル	1モルには正確に6.022 140 76×10^{23}個の要素粒子を含む（この定義によりアボガドロ数は正確に6.022 140 76×10^{23} mol^{-1}となった）
光度	cd	カンデラ	周波数540×10^{12} Hzの単色光の発光効率を683 s^3 cd·sr/m^2kgと定めることにより設定。sr（ステラジアン）は立体角の単位。

表2にSI接頭辞をまとめたので確認してみてください。ちなみに、「時間」とか「分」という単位は国際単位系の中では非SIとして扱われていますが、1時間＝60分＝3 600 s（sは時間の単位で「秒」のこと）と正確に定義でき、また日常でも広く使われていることからSIとの併用が認められています。

表2 SI接頭辞の一覧

接頭辞	記号	大きさ	接頭辞	記号	大きさ
ヨタ	Y	10^{24}	デシ	d	10^{-1}
ゼタ	Z	10^{21}	センチ	c	10^{-2}
エクサ	E	10^{18}	ミリ	m	10^{-3}
ペタ	P	10^{15}	マイクロ	μ	10^{-6}
テラ	T	10^{12}	ナノ	n	10^{-9}
ギガ	G	10^{9}	ピコ	p	10^{-12}
メガ	M	10^{6}	フェムト	f	10^{-15}
キロ	k	10^{3}	アト	a	10^{-18}
ヘクト	h	10^{2}	ゼプト	z	10^{-21}
デカ	da	10	ヨクト	y	10^{-24}

さて、（速さ）＝（距離）÷（時間）に戻ると、速さ（速度ともよぶ）の単位は距離（長さ）の単位と時間の単位で定義できることがわかります。つまりm（長さ）をs（時間）で割った「m/s」が速さの単位です。このように割り算を使って別の単位を定める場合は「/」という記号を用います。また掛け算の場合は単位をそのまま列記し、例えばm（長さ）×s（時間）なら「m･s」と書きます。

ただし、m（長さ）×m（長さ）のように同じ単位が2回以上出てくる場合は、列記ではなく2乗、3乗、……という冪乗（べきじょう）表記を用います。つまりm（長さ）×m（長さ）なら“mm”ではなく、「m^2」と表記し面積の単位（平方メートル）とし、m（長さ）×m（長さ）×m（長さ）なら「mmm」ではなく、「m^3」と表記して体積の単位（立方メートル）とします。特に「mm」という表記については、面積を「mm」と表してしまうと、「1 mm」と書いた意味が「1平方メートル」なのか「1ミリメートル」なのか判別できないので、冪乗を用いた単位表記はとても重要です。

電磁波の速さ＝光の速度

それでは電波を含めた電磁波が空間を伝播するときの速さは秒速何メートルでしょうか？　ここでは単純に考えるため「絶対真空」（分子・電子などの物

質が何もない空間を指し、本書では真空と略します）中を伝播する電磁波の速さをイメージして考えることにしましょう。このときの電磁波の速さは、実は**表 1** の中で定義されている「光の速度（光速）」である 299 792 458 m/s に一致します。つまり、電磁波の速さは「秒速何メートルでしょうか？」と書いてはみたものの、真空中を伝播する電磁波の速さについては考える余地はなく最初から決まっています。

では、「なぜ光速と電磁波の速さが一致するのか？」という疑問が湧いてくるでしょう。これは、マックスウェル方程式を解くことで理解できますが、とりあえず「光速と電磁波の速さは真空中では同じ」として覚えておくことにし、話を（速さ）＝（距離）÷（時間）に戻すことにします。

電磁波の「周期」と「周波数」

電磁波の速さは決まっているので、次は電磁波の時間を考えてみましょう。

電磁波の「時間」といわれてもピンとこないかもしれませんが、前節で述べた正弦波のことを思い出してみてください。**図 18** に示すように、波の大きさがゼロからスタートしてプラス側に進み、プラスからいったんゼロに戻り、マイナス側に進んでから再びゼロに戻るまでの時間、すなわち正弦波一つ分が変動する時間のことを「周期」とよびます。

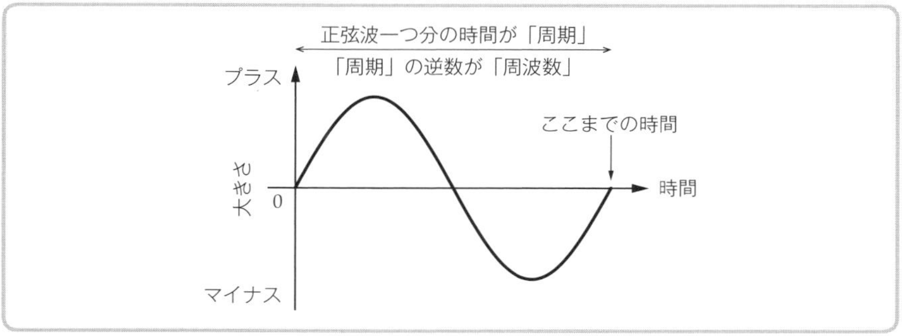

図 18 周期と周波数

例えば正弦波一つ分の変動にかかる時間が 1 秒であれば周期は 1 s であり、1 000 分の 1 秒であれば周期は 1 ms（0.001 s）となります。そして、この周期の逆数のことを「周波数」とよびます。周期の逆数というのは、例えば周期が 1 ms なら、この逆数なので 1/0.001 s となり 1 000/s、すなわち 1 000 s^{-1} になります（冪乗の指数にマイナスが付く場合は逆数を表します）。

つまり、周波数とは「1 秒間に繰り返される波の振動回数（正弦波の個数）」を表していることになります。この周波数を表す単位が Hz（ヘルツ）です。周期の逆数が周波数なので 1 Hz は 1 s^{-1} を表しており、逆に周波数の逆数が周期なので 1 s＝1/Hz＝1 Hz^{-1} と書くこともできます。

私たちが日常で使っている家電製品をよく見ると 50 Hz や 60 Hz、さらに 50/60 Hz などと書かれている表示を見ることができます。これは商用電源の周波数を表しており、関東で使える家電製品は 50 Hz、関西では 60 Hz といった具合に決まっています。この周波数 50 Hz の周期を考えると 1/50 s＝20 ms となります。つまり関東では電力会社から送られてくる電気が、1 秒間に 50 回振動した正弦波であり、振動一つ分の時間が 20 ms（50 分の 1 秒）ということになります。

電磁波の「波長」と「波数」

次に、電磁波の距離（長さ）について説明しましょう。**図 18** に示したように周期は正弦波の変動を時間変化として表したものですが、この**図 18** の時間を波の長さに置き換えてみます（**図 19**）。

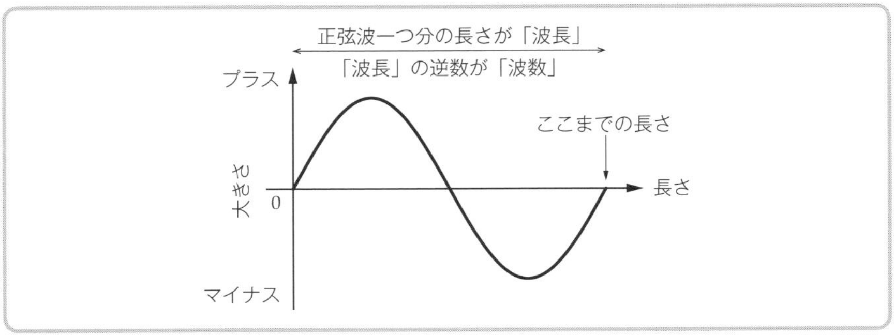

図 19 波長と波数

この波の長さのことを「波長」とよび、波長の逆数に対しては「波数」というよび名があります。先ほどの周波数とよび名が似ていますが、周波数は周期の逆数、波数は波長の逆数です。波長の単位は m（メートル）で表されるので、「1 m あたりに繰り返される波の振動回数（正弦波の個数）」が波数となり、波数の単位は m^{-1} で表されます。なお、周波数における Hz のような固有の単位は波数には存在しません。

以上で、電磁波の速さ（速度）と時間（周期）と距離（波長）を決めることができました。では速度と周期と波長の関係は、というと、何と小学校で習った「は・じ・き」と同じ関係になります！　つまり（電磁波の速さ）＝（波長）÷（周期）であり、周波数が周期の逆数なので（電磁波の速さ）＝（波長）×（周波数）ということになります。電磁波の速さは変わらないので、波長か周波数がわかれば、もう一方も自ずと求めることができるのです。

それでは実際に計算してみましょう。関東の電気の周波数は 50 Hz でした。この交流電流も電磁波の一種なので、この電磁波が真空中を伝播する場合の速さは光速と同じ 299 792 458 m/s です。よって、波長は 299 792 458 m/s÷50 Hz＝5 995 849.16 m となります。すなわち、波長が約 6 000 km の電磁波を使って関東の家電製品は動いていることになります。また、ここから速度の単位が $\mathrm{m/s}=\mathrm{m \cdot s^{-1}}$、周波数の単位が $\mathrm{Hz}=\mathrm{s}^{-1}$ なので、速度を周波数で割ると s^{-1} が約分されて波長の単位 m になっていることも確認できます。

記号表記とまとめ、物理量の作法

電磁波に関する多くの専門書では、光速を定数 c で、周波数を変数 f で、波長を変数 λ（ラムダ）で表します。よって電磁波での「は・じ・き」を数式で表す場合には、$c=\lambda f$ とか $\lambda=c/f$ となります。「は・じ・き」を利用した光速と波長と周波数の関係を**図 20** にまとめておきます。

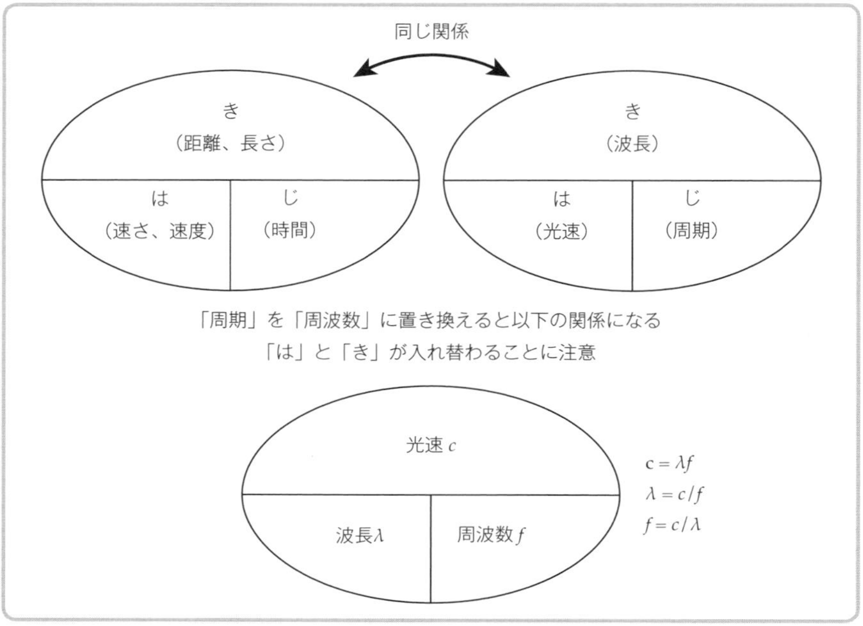

図 20 「は・じ・き」を利用した光速と波長と周波数の関係

最後に、物理量を記述する際の作法についての解説を続けます。物理量とは「数値」と「単位」の組み合わせによって表せるものを指します。例えば、本節の中でも 3 600 s、1 m、50 Hz などで記したものは、それぞれ時間、長さ、周波数を物理量として表現したものです。また、変数を使って f=50 Hz と数式で表すことも可能です。ここで、50 Hz を 50〔Hz〕と表したり、f=50〔Hz〕と表現したりする教科書もありますが、物理量を扱う場合には数値と単位が常にセットとなるべきなので、数値の後ろの単位に〔　〕などのカッコを付けるのは全く意味がありません。このような習慣がついている場合には、ぜひ修正しましょう。

✦ Column　二つの周波数をもつめずらしい国

エジソンが発明した直流電源から、現在の交流電源に変わった時期までの商用周波数は非常に多くの種類があったようですが、現在はどの国も 50 Hz か 60 Hz のどちらかに落ち着いたようです。しかし、日本では富士川（静岡県）と糸魚川（新潟県）を境に東側は 50 Hz、西側は 60 Hz と決まっており、一向に統一する気配がありません。なぜこんなことになってしまったのでしょうか？

これは、日本の電気事業が始まった明治時代、関東ではドイツから 50 Hz の発電機を、関西ではアメリカから 60 Hz の発電機を輸入していたことが原因といわれています。最近では、インバーターを搭載した家電製品が増えたため、50 Hz / 60 Hz 両対応が増えました。ですが電子レンジや洗濯機などは対応していないものがまだ多いので、インターネット注文をする場合は注意が必要です。

また、東日本と西日本とは別に同じ県なのに入り組んでいる場合もあります。新潟県は 50 Hz 地域ですが、佐渡市全域、妙高市・糸魚川市の一部は 60 Hz 地域です。このような不思議なことは、群馬県、長野県、静岡県でも見られます。

1-5 ✦ 媒質と光速

媒質中を進む電磁波の速さ

前節では真空中を伝播する電磁波について、波の速さと周波数と波長の関係について説明しました。しかし、電磁波が進む速さというものは、実は電磁波がどのような媒質の中を進むかによって変わります。私たちも空気の中を歩く速度とプールの中を歩く速度は違うことをご存じだと思いますが、電磁波も同じなのです。本節では電磁波が伝播する媒質について解説をします。

そもそも媒質とは何でしょうか？　媒質とは「波動が伝播する場となる物質や物体」のことを指します。波には媒質を必要とするものと、必要としないものがあります。例えば、音は波で構成されていますが、これが伝わるには物質（媒質）が必要です。何もない宇宙空間では、音が伝わらないと聞いたことがあると思います。

電磁波はその媒質の種類によって伝わり方が異なるので、媒質の中で最も単純な「無損失等方性媒質」を例に考えることにします。無損失とは、そのまま「電磁波が媒質によって損失しない」という意味であり、電磁波のエネルギーは媒質に吸収されて減衰することなく、そのまま伝播します（**図 21**）。等方性とは、ここでは「どの方向から電磁波を伝播させても電磁波が同じ振る舞いをする媒質」という意味になります。ちなみに、電磁波の伝播の振る舞いが電磁波の伝播方向に依存する媒質のことを「異方性媒質」とよびますが、異方性媒質中を伝播する電磁波の振る舞いは非常に複雑になるので、興味がある方は専門書を読んでみてください。

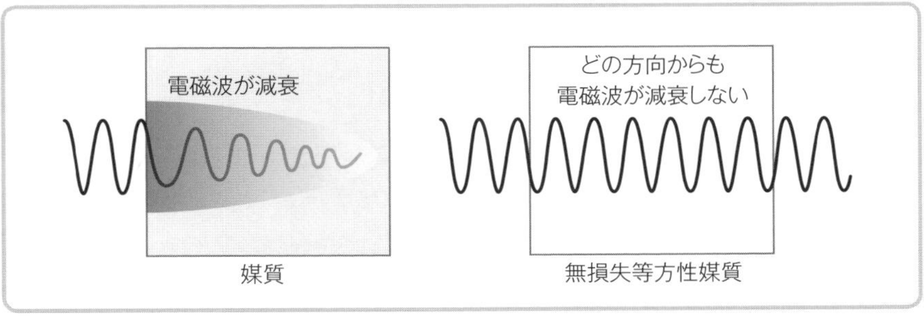

図 21　媒質の中を伝播する電磁波のイメージ。(a) 媒質の中を伝播する電磁波（媒質中で減衰する）、(b) 無損失等方性媒質の中を伝播する電磁波（どの方向から伝播しても同じような振る舞いで損失なく伝播する）

さて、無損失等方性媒質中の電磁波伝播を考える際に、決めておくべき媒質の定数（材料定数）は二つあります。一つは「透磁率」とよばれる定数であり、もう一つは「誘電率」とよばれる定数です。まず、それぞれの定数について説明しましょう。

磁束線と磁力線

透磁率とは、ある媒質に対して外部から磁界を印加したとき、媒質内に発生する「磁束密度」を決める定数のことです。磁束密度とは何でしょうか？　磁束とは磁界（磁気）を表すために描いた「仮想的な線の数」のことを指します。また、この仮想的な線のことを「磁束線」とよびます。「磁束線」とは「磁力線」のことかな？　と思うかもしれませんが、磁力線と磁束線は似て非なるものなので注意してください。磁力線は、磁石の N 極を出発して S 極に戻るように線を描きます。一方で磁束線は、線が常に閉じた曲線（閉曲線）となるように描きます。また、閉曲線をたどる途中で線の進む向きが突然逆を向くようなこともありません。

棒磁石を例として、磁束線と磁力線の例を**図 22** に示します。どちらも同じように見えるので、何が違うのかな？　と思うのではないでしょうか。磁石の両端付近に注目すると違いがわかります。左側の図は棒磁石の磁力線を表しており、右側の図は棒磁石の外側の磁束線を表しています。

ここで、**図 22** 右側のイメージ図に示した磁束線は閉曲線、つまり輪となるように線が描かれます。**図22**左側のイメージ図に示した磁力線は、必ずN極を出発してS極に戻るルールで、閉曲線ではありません。また、棒磁石の中でもN極を出発してS極に戻るルールなのです。しかし、話はそれほど単純ではありません。例えば、一つの棒磁石を真ん中で二つにポキっと折ると二つの棒磁石に分割されて、折れた断面が新たなS極とN極を形成することはご存じでしょうか？　磁石には、このような性質が存在します。よって、磁石を無限に分割していくと無限個の磁石になり、磁石内部に磁力線を描くというのは、かなり面倒なことです。いずれにせよ、線が描きにくいものを扱うのは難しいので、本書では線を描きやすい磁束線を用いて話を進めることにしましょう。

磁石の中はどうなっている？

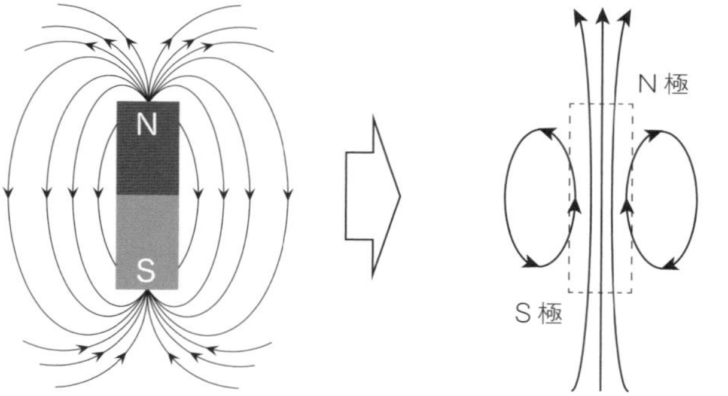

磁界（磁気）を表すための仮想的な線⇒「磁力線」と「磁束線」
磁力線：N極から出発してS極に戻る（左図）
磁束線：閉曲線になり、線の途中で逆向きに進まない（右図）
「磁力線」と「磁束線」は磁石内部で見た目が全く変わる！

図22 磁束線のイメージと、磁力線と磁束線の違い

もう一つ、磁力線と磁束線の重要な違いがあります。それは、物理量を表す単位です。磁力線の単位は「本」です。これは線の数え方と同じなのでわかりやすいと思います。一方で磁束線の数を表す磁束の単位は「Wb（ウェーバ）」

という磁気の物理量を表す単位を使います。物理量や単位については1-7節でまとめますが、ここでは磁力線と磁束線では扱っている物理量も異なるという点を理解してください。

磁束密度と透磁率

磁束線が磁界を表すための仮想的な線であり、その線の数を磁束とよぶことは先ほど述べた通りです。となれば、磁束密度は文字通り「磁束の密度」のことなので、磁界を表すための仮想的な線の密度と考えればよいことがわかります。つまり、磁束密度と磁界との間には深い関係がありそうだ、ということです。

この関係性を表す指標が、「透磁率」とよばれる定数です。磁束密度と磁界と透磁率との関係は単純明快で、変数を用いて磁束密度を $\boldsymbol{B}$、磁界を $\boldsymbol{H}$、透磁率を μ（ミュー）で表したときに、

$$\boldsymbol{B}=\mu\boldsymbol{H}$$

の関係で定義されます。つまり、磁束密度を磁界で割ったものが透磁率ということです。ここで $\boldsymbol{B}$ や $\boldsymbol{H}$ を太字の斜体で表していますが、これは磁束密度や磁界を「ベクトル」として表していることを意味します。これまでも出てきましたが、ベクトルとは「大きさと向きをもつ量」として考えてください。

つまり磁束密度や磁界は大きさだけではなく、向きをもった量として表現されます。**図22**において磁束線に矢印の向きがついているのは、磁束密度や磁界をベクトルとして考えている証拠です。一方で透磁率を表す μ は、ここでは定数であり、大きさのみをもつ量になります。ベクトルが大きさと向きをもつ量であることに対し、「大きさのみをもつ量」のことを「スカラー」とよびます。

透磁率 μ の基準となる指標としては、一般的には真空の透磁率が用いられます。また、真空以外の透磁率については真空の透磁率との比を用いて表されることがほとんどです。ここで、真空の透磁率を μ_0 とおくと、ある物体の透磁率 μ は

$$\mu=\mu_r\mu_0$$

という形で表記されます。この $\mu_r = \mu / \mu_0$ のことを「比透磁率」とよびます。真空の透磁率も物質の透磁率の一つなので、透磁率の単位と真空の透磁率の単位は当然一致します。よって、比透磁率は無次元（単位がない）となり、数字の大きさのみで表記されます。

比透磁率 μ_r は物質によってさまざまな値をとります。例えば、空気や水の比透磁率 μ_r は、ほぼ1とみなせます。また、強磁性を有する鉄の比透磁率 μ_r は最大で6 000～8 000と非常に大きな値をとります。ちなみに、真空の透磁率は $\mu_0 \cong 4\pi \times 10^{-7}$ H/m という値になります。ここで用いられている単位のHはヘンリーとよばれるインダクタンスの単位ですが、単位については1-7節で述べることにします。

ということで、磁束密度 $\boldsymbol{B}$、磁界 $\boldsymbol{H}$、透磁率 μ の関係をイメージすると**図23**のようになります。この図はあくまで一例ですが、真空中に一様に存在する磁界 $\boldsymbol{H}$（**図23**の灰色の背景）の中に透磁率 μ（$= \mu_r \mu_0$）を有する物質（導体は含まない）をおくと、物質内部の磁束密度が $\boldsymbol{B} = \mu \boldsymbol{H}'$ となることを示しています。

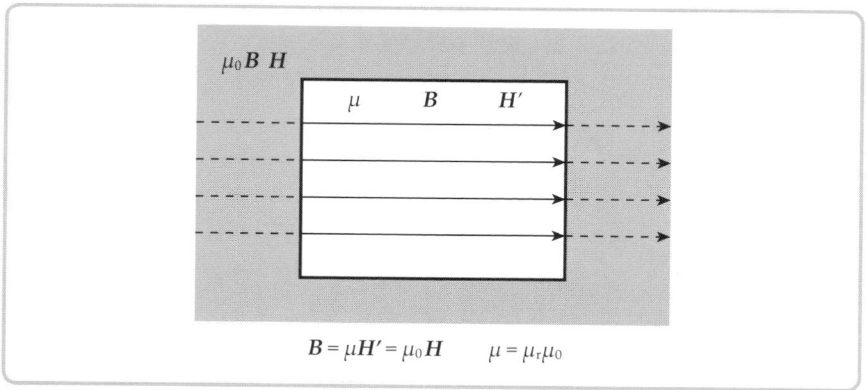

図23　磁束密度 B と磁界 H（外部）、H'（内部）と透磁率 μ の関係。矢印は磁束線を表しており、物質内部は実線、真空中は点線で描いている。

図23中の矢印は磁束線を表しています。磁束線は閉曲線にする必要があり、また**図23**中の磁束線は真空と物質の境界線に対してすべて垂直に出入りするように描いているので、物質内部（実線）と物質外部である真空中（点線）と

の間で磁束線が増えたり減ったりすることは磁束線を引くルールとしてありえません。よって、真空中の磁界 $\boldsymbol{H}$ とは別に物質内部の磁界を $\boldsymbol{H}'$ で表すことにより、$\boldsymbol{B}=\mu\boldsymbol{H}'=\mu_0\boldsymbol{H}$ という関係で物質内外を繋ぐことができます。また、透磁率 μ をスカラーとしているので $\boldsymbol{B}$ と $\boldsymbol{H}$ および $\boldsymbol{H}'$ のベクトルの矢印の向きはすべて一致します。

✦ Column　定数は見直される

2019 年 5 月までは μ_0 の値は正確に $4\pi\times10^{-7}$ H/m でした。しかし、国際単位系の定義の改定に伴い、真空の透磁率は $4\pi\times10^{-7}$ H/m からわずかにずれることになりました。といっても、10^{-15} のずれだけなので、実際に物理量を計算したい場合には $\mu_0=4\pi\times10^{-7}$ H/m としても何ら差し支えないので、ご安心ください。

誘電率と電束密度

ここまでは透磁率についてお話ししましたが、次にもう一つの材料定数である「誘電率」について解説しましょう。誘電率とは、ある媒質に外部から電界を印加したときに媒質内に発生する「電束密度」を決める変数です。電束とは「電界を表すために描いた仮想的な線の数」のことを指します。この説明は前述した磁束の説明と同じで、磁界を電界に置き換えただけです。また、磁束と磁力線との関係性と同じく、電束にも電気力線という用語があります。

電束を表す線と電気力線は**図 24** で表すように線で図示できます。電束を表す線と電気力線は、見た目はどちらも同じです。ただし、磁束と磁力線の関係と同様に、電束と電気力線では物理量を表す単位が異なります。電束の単位は「C（クーロン）」という電気の物理量を表す単位を用いる一方、電気力線の単位は「本」になります。

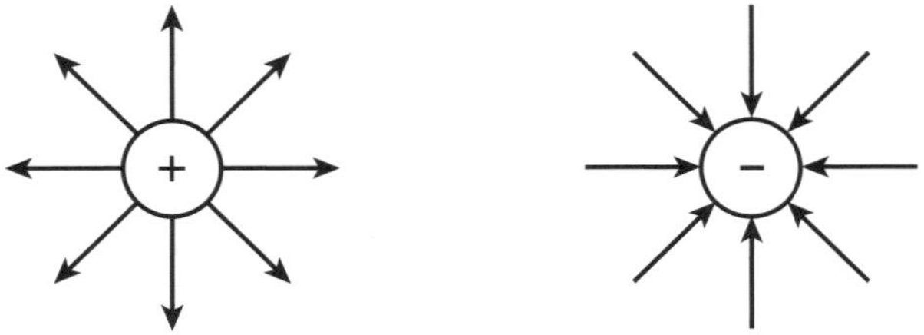

電界を表すための仮想的な線 ⇒ 電束
「電気力線」と「電束線」は見た目の違いはなく、
どちらも正（プラス）極から出発して負（マイナス）極に戻る。
ただし、磁力線や磁束線と異なり、閉曲線にならなくてもよい。

図 24 電束を表す線や電気力線のイメージ

電束を表す線や電気力線を引く際には、**図 24** で示すように正（プラス）極から出発して負（マイナス）極に戻るように矢印をつけますが、磁束と電束では線の描き方に決定的な違いがあります。それは、電束を表す線や電気力線は必ずしも「閉曲線にならなくてもよい」という点です。その理由は正極や負極の電気がそれぞれ単独でも存在しうることに起因します。

つまり、自然界には電子だけとか正イオンだけの状態でも存在しうるので、相手方となる正極や負極が対になっていなくてもよく、その結果として電束を表す線や電気力線は閉じた線にしなくてもよい場合があるのです。磁気の場合は、N 極だけとか S 極だけでは単独で存在しえないので、磁束線や磁力線は必ず閉曲線となります。もちろん、正極と負極の電気が両方存在する場合は、閉曲線となる部分が存在します。

それでは、電束密度を用いて誘電率を表してみましょう。電束密度と電界と誘電率との関係も磁界のときと同様に単純明快で、電束密度を $\boldsymbol{D}$、電界を $\boldsymbol{E}$、誘電率を ε（イプシロン）で表したときに

$$\boldsymbol{D} = \varepsilon \boldsymbol{E}$$

の関係で定義されます。つまり、電束密度を電界で割ったものが誘電率になります。電束密度と電界はともにベクトルであり、誘電率はここではスカラーとして扱います。

誘電率にも基準となる指標が存在し、一般的には真空の誘電率が用いられます。また、真空以外の誘電率については真空の誘電率との比を用いて表されることが多く、真空の誘電率を ε_0 とおくと、ある物体の誘電率 ε は

$$\varepsilon = \varepsilon_r \varepsilon_0$$

という形で表記されます。この $\varepsilon_r = \varepsilon / \varepsilon_0$ のことを「比誘電率」とよびます。比誘電率も比透磁率と同様に単位をもたない無次元の値です。

また、比誘電率も物質によってさまざまな値をとり、例えば空気であればほぼ $\varepsilon_r = 1$ とみなせます。ダイヤモンドの場合は温度 20℃で $\varepsilon_r = 5.68$、水の場合は温度 20℃で $\varepsilon_r = 80$ 程度になります。また、強誘電体とよばれるチタン酸バリウム（$BaTiO_3$）だと $\varepsilon_r = 5\,000$ 程度と非常に大きな値をとることもあります。ちなみに、真空の誘電率は $\varepsilon_0 \cong 8.854 \times 10^{-12}$ F/m という値です。F はファラドとよばれる静電容量の単位で、単位については 1-7 節で述べます。

さて、電束密度 $\boldsymbol{D}$、電界 $\boldsymbol{E}$、誘電率 ε の関係を図示すると**図 25** のようになります。この図も**図 23** と同様な関係性をもっています。真空中に一様に存在する電界 $\boldsymbol{E}$（**図 25** の灰色の背景）の中に誘電率 ε（$= \varepsilon_r \varepsilon_0$）を有する物質を置くと、物質内部の電束密度が $\boldsymbol{D} = \varepsilon \boldsymbol{E}'$ となることを示しています。

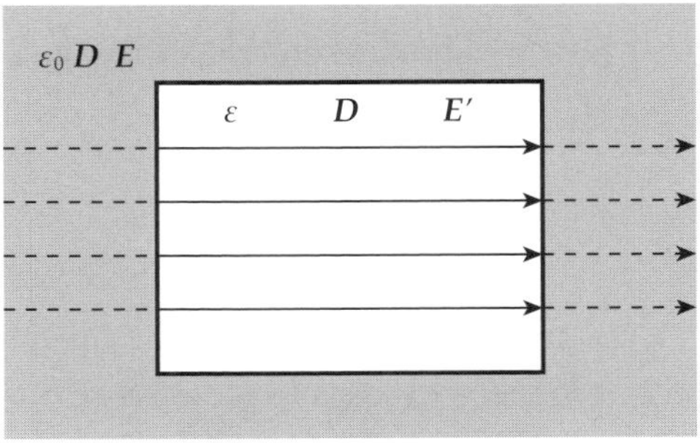

$$D = \varepsilon E' = \varepsilon_0 E \qquad \varepsilon = \varepsilon_r \varepsilon_0$$

図 25　電束密度 D と電界 E（外部）、E'（内部）、真空の誘電率 ε_0 と誘電率 ε の関係。矢印は電束線を表しており、物質内部は実線、真空中は点線で描いている。

図 25 に描かれている矢印は、電束線を表しています。物質中（この場合は

背景も含めた**図 25** の範囲）に電荷（物体が帯びている電気）が存在しない場合は、物質内部（実線）と物質外部である真空中（点線）との間で電束線が増えたり減ったりすることは、電束線を引く上でのルールにありません。

また**図 25** 中の電束線は真空と物質の境界線に対してすべて垂直に出入りするように描いています。よって、真空中の電界 $\boldsymbol{E}$ とは別に物質内部の電界を $\boldsymbol{E}'$ で表すことにより、$\boldsymbol{D}=\varepsilon\boldsymbol{E}'=\varepsilon_0\boldsymbol{E}$ という関係で物質内外を繋ぐことができます。また、誘電率 ε をスカラーとしているので $\boldsymbol{D}$ と $\boldsymbol{E}$ および $\boldsymbol{E}'$ のベクトルの矢印の向きはすべて一致します。

真空の誘電率と真空の透磁率、光速の関係

前述したように、真空の誘電率 ε_0 と真空の透磁率 μ_0 には重要な関係性があります。光速を c で表すと

$$\varepsilon_0\mu_0c^2=1$$

という式で真空の誘電率と真空の透磁率と光速が結びつくのです。

どのようにして、この式が導き出されたのでしょうか？　光の研究は非常に古くから行われており、17 世紀以降からさまざまな方法で光速の測定が実施されました（4-3 節参照）。また、誘電率や透磁率の測定も 18 世紀ごろから行われていましたが、当時は誘電率・透磁率と光速の間には関係性がないと思われていました。ところが、電磁波の振る舞いを司る最も重要な理論式「マックスウェル方程式」の登場によって状況が一変します。

マックスウェルは数式を用いて電磁波の存在を予測するとともに、数式内に出てくる定数を計算してみました。すると、何と電磁波の進む速さが光速に一致したのです。このことから、マックスウェルは光が電磁波の一種であることを予測し、この予測が正しいことはすぐに実証されました。そして、マックスウェル方程式から誘電率と透磁率と光速が繋がり、$\varepsilon_0\mu_0c^2=1$ という関係式が導き出されたのです。先に示した真空の誘電率 8.854×10^{-12} F/m という値は、さまざまな実験結果を用いて推測することができますが、その一つとして真空の透磁率と光速から計算によって求めることもできます。

導電率

ここまで、媒質を無損失等方性媒質として考え、媒質の材料定数である透磁率 μ と誘電率 ε を説明しました。次に、損失のある媒質として金属のような導電性のある媒質（電気を流すことのできる媒質）の材料定数「導電率」について説明します。

導電率は、電界と電流密度の関係を表す電気定数で、電流密度を $\boldsymbol{J}$、電界を $\boldsymbol{E}$、導電率を σ（シグマ）で表したときに

$$\boldsymbol{J}=\sigma\boldsymbol{E}$$

の関係で定義されます。つまり、電流密度を電界で割ったものが導電率です。電流密度もやはりベクトルで表しており、導電率はここではスカラーで表しています。よって、$\boldsymbol{J}$ と $\boldsymbol{E}$ を矢印で表した場合には $\boldsymbol{J}$ と $\boldsymbol{E}$ の矢印の方向は一致します。

導電率にも何か基準となる指標を用いたいところですが、真空の導電率を採用しようにも、真空は電気を伝える物がないので導電性がありません（絶縁体）。よって、導電率に関しては比導電率という用語がなく、それぞれの物質がもつ値がそのまま使用されます。また、一般的には導電率 σ の逆数である電気抵抗率 ρ（ロー）（単に抵抗率ともよびます）が用いられることも多いです。例えば、銅のような良導体であれば抵抗率は $\rho=1.55\times10^{-8}\ \Omega\cdot\mathrm{m}$ と非常に小さな値となり、石英ガラスのような絶縁体だと $\rho>10^{16}\ \Omega\cdot\mathrm{m}$ という非常に大きな値をとります。

Ω はオームとよばれる電気抵抗値（電流の流れにくさ）を表す単位です。単位については1-7節で述べますが、中学校の理科で習う「オームの法則」のことです。導電率は電気抵抗率の逆数なので、銅の導電率は $\sigma=6.45\times10^{7}\ \Omega^{-1}\mathrm{m}^{-1}$、石英ガラスの導電率は $\sigma<10^{-16}\ \Omega^{-1}\mathrm{m}^{-1}$ となります。ここで単位 Ω の逆数としては Ω^{-1} ではなくS（ジーメンス）を使うことが多く、導電率の単位はS/mと表現されます。つまり銅の導電率は $\sigma=6.45\times10^{7}$ S/m、石英ガラスの導電率は $\sigma<10^{-16}$ S/mとなります。

以上で、媒質を表す材料定数である誘電率、透磁率、導電率のことがわかったと思います。電磁波の振る舞いに関しては、この三つの材料定数さえあれば、電磁波が媒質中をどのように伝播するかを表現することが可能になります。

1-6 ✦ 電磁波の性質

電磁波の性質は、基本的には電磁波が伝播する媒質の条件、異なる媒質間を伝播する場合には媒質間の境界条件、あるいは波源の条件によって決まります。また、さまざまな種類の電磁波には似通った性質と異なった性質があります。ここでは電磁波が伝播する際の性質について、いくつか紹介します。

性質①：電磁波は空間中に広がる性質をもつ

何も障害がない無損失等方性媒質の中で、電磁波を発生させる点波源（大きさをもたない波源）を置いて電磁波を発生させたとします。すると電磁波はある特定の方向に進むのではなく、四方八方に等方的に広がりながら伝播します。これは、**図 26** のように静かな池の水面に小石を落としたときに、そこに広がる波紋に似ています。

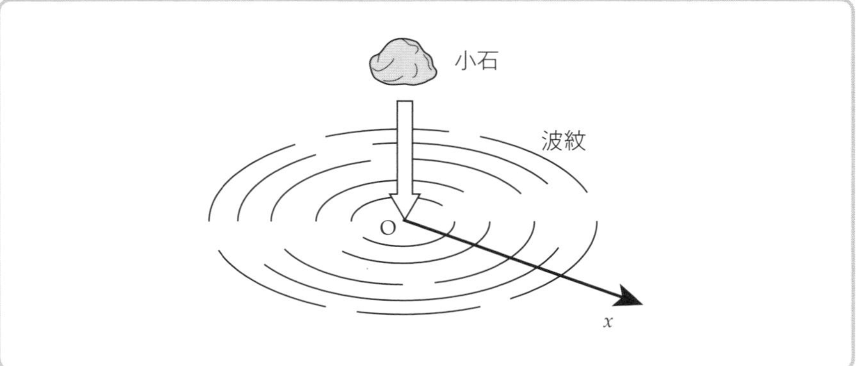

図 26 水面で発生する波紋のイメージ。小石を水面に落とすと波が四方八方に広がるが、電磁波もこのように波が広がる。

石の落ちたところを中心として、はじめは小さな円状の波が時間の経過とともに四方に広がっていきます。波が伝わるときに中心 O と x を結んだ線上の各点は、波として振動しており、この振動が時間の経過とともに、空間を伝播していきます。このとき、O からの距離を横軸にとり、上下の変位を縦軸にすると、波が伝わっていく様子が想像でき、まさに正弦波の形になります。

電磁波が空間中に広がる性質というのは、一般的な波の性質の一つと捉えることもできます。ただし、水紋は水面という二次元平面に対して同心円状に広がりますが、電磁波の場合は三次元空間に対して同心球状に広がります。

次に、この波の途中に木の葉を浮かべたとすると、木の葉はどのような動きをするでしょうか？　その動きをよく観察してみると（**図 27**）、木の葉は波に揺られて上下に動くだけで、波が伝播する方向に動いていないことに気がつきます。このことは、波を伝えている水が上下に動くばかりで、木の葉を動かすことはできないことを意味します。

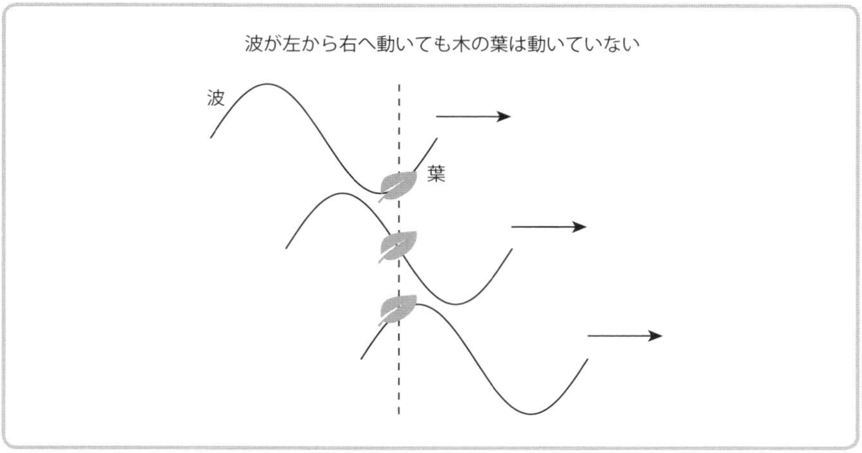

図 27　波に浮かべた木の葉の動きのイメージ

電磁波にこれを当てはめると、電磁波の伝播では、電磁波が伝わると同時に何かを動かすわけではないことがわかります。ちなみに、この場合の水のように波を伝えるものを媒質とよび（1-5 節参照）、上下の動きを波の変化（変位）とよびます。この木の葉の運動から波の性質を考えると、波は媒質を通して伝播しますが、媒質は変位（上下）を繰り返すのみで、波の進む方向には伝わっていきません。では、電磁波は何を伝えているのでしょうか？　それは「波のエネルギー」です。

エネルギーの観点から、この性質について考察してみましょう。無損失等方性媒質内で点波源から電磁波が発生した状況について考えると、エネルギーの単位はJ（ジュール）であり、これはW･s（ワット・秒）なので（1-7節のエネルギーの項目を参照）、単位時間あたりのエネルギーはJ/s＝W、つまり電力の単位に等しくなります。**図28**に示すように点波源から電力Pをもつ電磁波が発生したとき、電磁波は等方的（すべての方向）に、かつエネルギーが損失することなく広がる性質をもつので、点波源から距離rだけ離れた場所の電力密度Wは$W=P/4\pi r^2$と計算することができます。つまり、電力Pを半径rの球の表面積（$4\pi r^2$）で割った値が、その距離での電力密度Wということです。

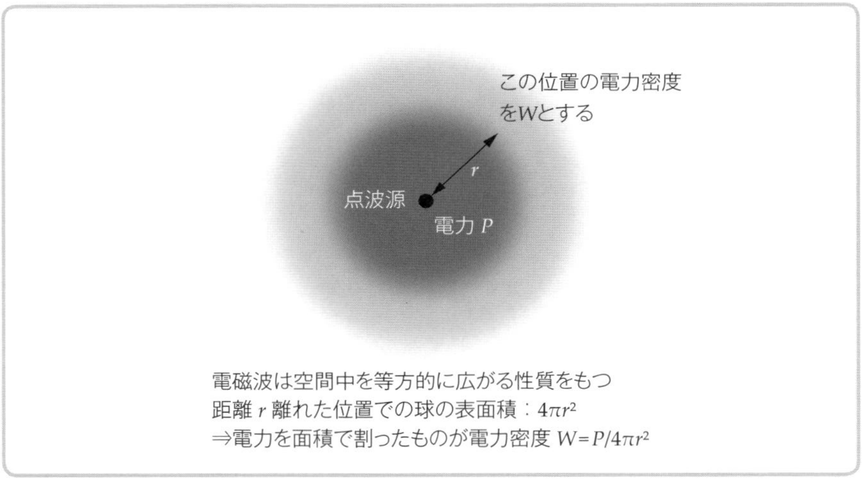

図28 点波源から発生する電磁波の電力と電力密度の関係

これは、電磁波における一種のエネルギー保存の法則と考えることもできます。電磁波が損失なく等方的に広がっているのですから、距離rだけ離れた場所の電力密度は波源からの距離を変えない限り同じになるはずです。また、その電力密度に球の表面積を掛けてやれば、元の点波源の電力に一致する（エネルギーがどこにも失われていない）ことも理解できるでしょう。

性質②：電磁波は波長が短いほど直進性が増す

性質①で「電磁波は広がる」と書いておきながら、性質②で「直進性が増す」と書くと混乱するかもしれません。性質①は一般的な波の基本的性質であり、性質②は電磁波の波長（あるいは周波数）に注目したときに現れる性質を示しいます。

ある特定の方向に電磁波を放射する場合を考えてみましょう。電磁波の中でも電波を放射する素子のことを「アンテナ」とよびます。電波をそのまま空間に放射すると、性質①によって等方的に広がります。アンテナは「特定の方向」に電波を放射させやすくしたり、あるいはさせにくくさせたりすることができ、この特性を活かして一方向へ電波を放射させることができます。これをアンテナの指向性とよびます。しかし実際には、電波に指向性をもたせて放射しても、伝播距離とともに電波は広がります。さらにこの広がりは、電磁波の波長に依存するのです。

この様子を説明する上で「近傍界」と「遠方界」とよばれる、重要な概念があります。近傍界とは、電磁波が放射されるアンテナ近傍において電磁波が比較的広がらずに直進する性質をもつ領域のことであり、遠方界とは放射された電磁波が空間中を広がる性質が現れる領域のことを指します。また、この近傍界と遠方界は空間内において連続的に繋がっているので、ある地点で急に近傍界と遠方界が切り替わることはなく、明確な境界というものは存在しません。

それはそうなのですが、電磁波を利用する上で、近傍界と遠方界を区別する目安があったら便利だなと誰もが思います。そこで、次のような理解で、近傍界と遠方界の区別がされています。**図 29** 左に示すように、アンテナの開口面の直径を d、電磁波の波長を λ としたとき、その目安となる境界はアンテナ面から $2d^2/\lambda$ 離れた距離として表されます。つまり、アンテナからの距離が $2d^2/\lambda$ 以下の範囲なら電磁波は比較的直進する近傍界と区別し、アンテナから $2d^2/\lambda$ 以上離れた位置なら電磁波の性質①が比較的現れやすい遠方界と区別されています。

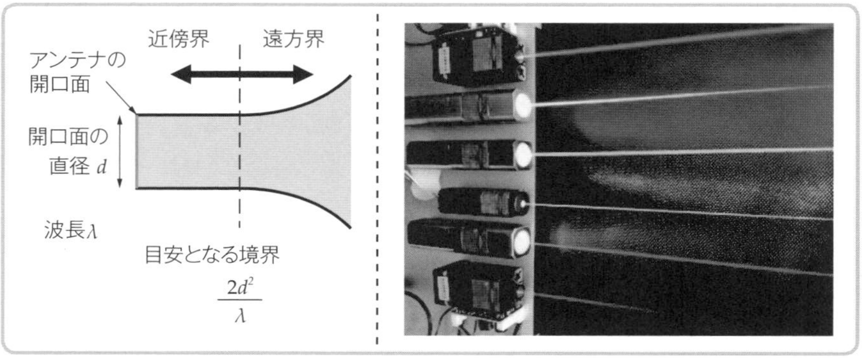

図 29　（左）アンテナから放射される電磁波の近傍界と遠方界の境界。近傍界領域では電磁波は比較的直進性があり、遠方界領域に移るにつれて電磁波は広がる。（右）よって、波長の短いレーザー光は直進性が高い。

具体的な数値を用いて計算してみましょう。**図 29** 右に示すレーザーは直進性の高い電磁波（ここではレーザー光）を放射する装置であり、プレゼンテーションなどの指し棒の代わりとして、レーザーポインターが知られています。例えば、市販の緑色レーザーポインターの波長は真空中において約 532 nm です。レーザーポインターが出力される部分をアンテナの開口面とみなし、その直径を 2 mm と仮定した場合、目安となる近傍界と遠方界の境界を計算すると約 15 m になります。

一方でアンテナ開口面を同じく 2 mm とし、真空中の波長 4 mm（周波数に換算すると約 75 GHz）の電磁波を放射することを考えると、目安となる近傍界と遠方界の境界がわずか 2 mm となります（ちなみに、波長に対して半分の長さをもつアンテナは、「半波長ダイポールアンテナ」としてよく知られています）。

以上の計算例を踏まえると、一般的には光のような波長の短い電磁波ほど直進性が高いことがわかります。しかし真空中の波長が 1〜10 cm オーダのマイクロ波帯の電波であっても、アンテナの開口面を十分に大きくすれば電磁波の直進性を増すことも可能です。

例えば、宇宙航空研究開発機構（JAXA）・臼田宇宙空間観測所にあるパラボラアンテナを例にすると、アンテナ開口径が 64 m と大型になります。このパラボラアンテナから周波数 2 GHz（波長約 15 cm）の電磁波（マイクロ波）が放射されることを想定すると、目安となる近傍界と遠方界の境界は 55 km 以上にもなり、このような長い波長をもつマイクロ波帯の電波でも直進性を増加させることができます。

性質③：電磁波は異なる媒質の境界面において反射および屈折する

ガラス面に対してレーザー光を照射すると、レーザー光がガラス面で反射したりガラス面で屈折してガラス内を透過したりする様子をみることができます。このように、電磁波の一般的な性質として反射や屈折とよばれる現象が存在します。ここでは、電磁波の反射および屈折について詳しく調べてみましょう。

■スネルの法則

図 30 に示すような三次元空間において、異なる二つの媒質を伝播する電磁波の境界での振る舞いを考えてみます。図は直交座標系で表していて、図中の⊗は本書の紙面の手前側から奥側に向かって垂直に刺さる向きを表しています。この図の場合は y 軸の正の方向が紙面の手前側から奥側に刺さる方向です。また、媒質 1 の誘電率、透磁率および屈折率を ε_1、μ_1、n_1 媒質 2 の誘電率、透磁率および屈折率を ε_2、μ_2、n_2 とし、簡単にするためにどちらの媒質も無損失等方性媒質として考えます。

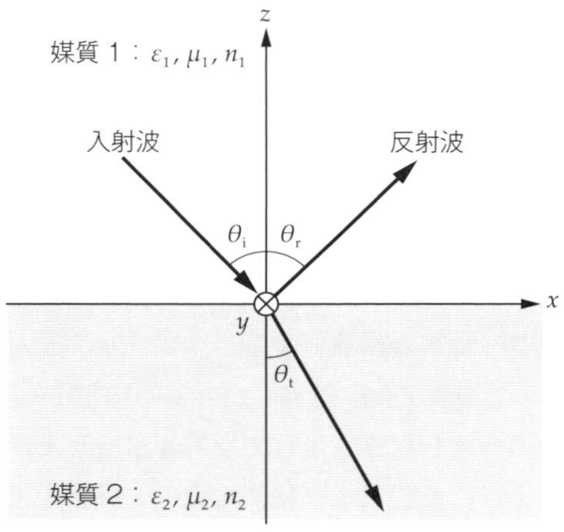

図30 二つの無損失等方性媒質（媒質1および媒質2）を伝播する電磁波の反射と屈折の関係。媒質1：誘電率、透磁率、屈折率を ε_1、μ_1、n_1 とし、媒質2：誘電率、透磁率、屈折率を ε_2、μ_2、n_2 とする。

このような状況において、媒質1から境界面に向かって電磁波を入射すると電磁波が境界面において一部は反射し、一部は屈折して媒質2に透過します。入射される電磁波の入射角を θ_i、境界面で反射する電磁波の反射角を θ_r とすると、入射角と反射角の関係は $\theta_i=\theta_r$ となります。つまり入射した角度と同じ角度で反射するということです。また、媒質2に伝播する電磁波の屈折角を θ_t とすると

$$\frac{\sin\theta_t}{\sin\theta_i}=\frac{n_1}{n_2}$$

という関係式になります。この関係式はヴィレブロル・スネル（1580–1626、オランダ）の考えた「スネルの法則」とよばれるもので、電磁波の存在が予言・実証される遥か昔に光の分野で発見された有名な法則です。

スネルの法則は、電磁波が平面（屈折率の異なる媒質の境界）に入射した場合の電磁波の入射角と出射角（屈折角）、さらに媒質の屈折率の関係を表しています。光の屈折に関しては4章でも、詳しく説明します。ここで上式の n_1、n_2 は、それぞれ媒質1および媒質2の屈折率を表しています。媒質の屈折率 n

は媒質中の電磁波の伝播速度 v と光速 c（つまり真空中の電磁波の伝播速度）の比で表され、式で表すと

$$n=\frac{c}{v}=\frac{\sqrt{\varepsilon\mu}}{\sqrt{\varepsilon_0\mu_0}}=\sqrt{\varepsilon_r\mu_r}$$

となります。ε_r、μ_r は媒質の比誘電率と比透磁率です。よって、媒質 1 および媒質 2 の屈折率 n_1、n_2 はそれぞれ

$$n_1=\frac{\sqrt{\varepsilon_1\mu_1}}{\sqrt{\varepsilon_0\mu_0}}、\ n_2=\frac{\sqrt{\varepsilon_2\mu_2}}{\sqrt{\varepsilon_0\mu_0}}$$

となるので、スネルの法則は媒質の誘電率・透磁率を用いれば

$$\frac{\sin\theta_t}{\sin\theta_i}=\frac{\sqrt{\varepsilon_1\mu_1}}{\sqrt{\varepsilon_2\mu_2}}$$

と表すこともできます。また一般的な電波伝播媒質は誘電体が多いので、$\mu_1=\mu_2$ としてスネルの法則を誘電率の平方根の比のみ（$\sqrt{\varepsilon_1}/\sqrt{\varepsilon_2}$）で表すこともできます。

さて、スネルの法則から導かれる有名な現象として「全反射」があります。これは、ある入射角以上で媒質 1 から媒質 2 に電磁波を入射すると、電磁波が媒質 2 には透過せずに反射するという現象です。全反射が起こる最小入射角のことを「臨界角」とよび、臨界角 θ_c は以下の式で表されます。

$$\sin\theta_c=\frac{\sqrt{\varepsilon_2\mu_2}}{\sqrt{\varepsilon_1\mu_1}}$$

この式は、スネルの法則に $\theta_t=90°$、つまり $\sin\theta_t=1$ を代入することによって得られます。また、入射角の範囲は $0°\leq\theta_i\leq90°$ なので全反射が起こる条件は $0\leq\sin\theta_c\leq1$ の範囲となります。よって全反射は $n_1>n_2$、つまり媒質 1 の屈折率が媒質 2 の屈折率より大きいときにしか起こりません。インターネットなどの情報伝送路として利用されている光ファイバーは、この全反射を利用して、光がファイバーケーブル外に漏れないような工夫がなされています。

■ TE 入射、TM 入射、ブリュースター角

電磁波の反射・屈折におけるもう一つ重要な入射角として「ブリュースター角」とよばれるものがあります。この現象は、境界面に対して電磁波をある入射角で入射したときに電磁波が反射されず、すべて媒質 2 に透過されるという現象です。ブリュースター角の発生に関しては、電磁波の電界成分および磁界成分と境界面との関係性が重要になります。

図 31 中に示した入射波のように、電磁波が媒質 1 から媒質 2 に向かって入射されているとき、電磁波の伝播方向を表すベクトルと境界面の法線ベクトル（境界面に対して垂直方向のベクトル）の両方のベクトルを含む面のことを「入射面」とよびます。**図 31** の場合、媒質 1 と媒質 2 の境界面は $z=0$（z 軸座標の原点）における x-y 平面に相当するため、法線ベクトルは z 軸と平行になります。また電磁波の伝播方向を表すベクトルを z-x 平面上（つまり紙面上）に置いているため、入射面は z-x 平面となります。

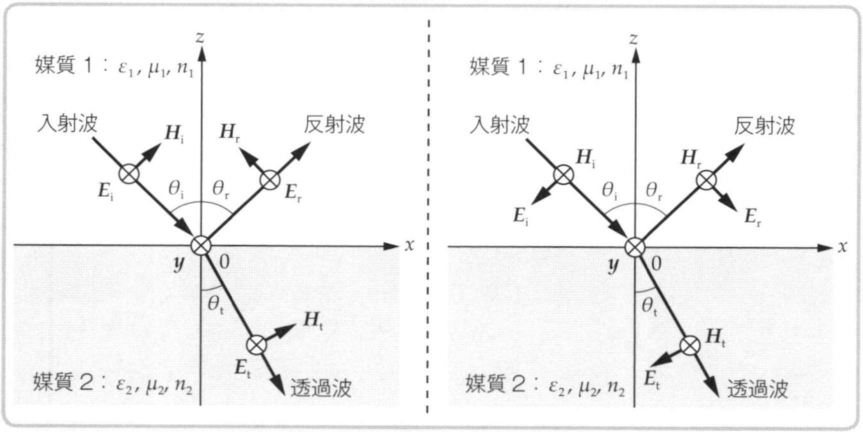

図 31 **二つの異なった媒質（媒質 1 および媒質 2）を伝播する電磁波の反射と屈折の関係。媒質 1：誘電率、透磁率、屈折率を ε_1、μ_1、n_1 とし、媒質 2：誘電率、透磁率、屈折率を ε_2、μ_2、n_2 とする。図中の E および H はそれぞれ電界、磁界を表す。また添え字の i, r, t はそれぞれ入射波、反射波、透過波を表す。電界が入射面（z-x 平面＝紙面）に対して垂直になる場合（左図のように電界が紙面に刺さる場合）を TE 入射、電界が入射面に対して平行に入射する場合（右図のように電界が紙面上に置かれる場合）を TM 入射とよぶ。ブリュースター角が発生するのは TM 入射時のみである。**

このとき、電磁波の電界ベクトルと入射面との関係性には二つのパターンが存在します。一つは**図 31** 左のように、電界ベクトルが入射面に対して垂直になるパターンで、この入射方法のことを電波の世界では「TE 入射」とよびます（TE は transverse electric の略です）。もう一つは**図 31** 右のように、電界ベクトルが入射面に対して水平、つまり磁界ベクトルが入射面に対して垂直になるパターンであり、「TM 入射」とよびます（TM は transverse magnetic の略です）。

また、TE 入射を「直交偏波」とよぶこともあり、さらに光学の世界では「s 波」ともよばれます（ドイツ語の垂直を意味する senkrecht の略）。また TM 入射は「平行偏波」とよぶこともあり、光学の世界では「p 波」ともよばれます（平行を意味する parallel の略）。地震の揺れを表す、s 波や p 波とは異なりますので注意してください。

さて、ブリュースター角が発生するのは**図 31** 右の TM 入射のときだけです。TE 入射のときにはブリュースター角がそもそも存在しません。詳細な式の導出は省略しますが、TM 入射時におけるブリュースター角 θ_b は次の式で表されます。

$$\tan\theta_b = \frac{n_1}{n_2}$$

この角度で TM 入射されたときのみ、媒質 1 と媒質 2 の境界では電磁波の反射が起こらず、すべて媒質 2 に屈折しながら伝播します。

性質④：大きな面積をもつ金属面に電磁波を入射すると反射する

性質③の特殊な場合として、**図 30** の媒質 2 が金属のような良導体の場合を考えてみましょう。このとき電磁波は、金属側に透過することができずに反射する、という性質をもちます。入射角 θ_i と反射角 θ_r の関係は、先ほどの性質③と同じく $\theta_i = \theta_r$ です。

金属の場合にこのような電磁波の性質が得られる原因として、電磁波の電界成分が金属面に対して水平方向には発生できないという金属特有の性質が挙げられます。すなわち、金属のように導電率が十分に大きい媒質の場合、金属面に水平な電界成分を E_P とおくと、$E_P=0$ になってしまうのです。これは、オームの法則 $V=RI$ において抵抗 R が 0（完全な導体）なら、電流がどのような値を取ろうとも電圧 V が 0 にならざるを得ないことからも類推できます。結局のところ、電磁波は金属内を伝播することができず、金属面に入射された電磁波はすべて反射されるということになります。

性質⑤：電磁波は回折する

性質⑤および次の性質⑥は、電磁波にかかわらず一般的な波の現象の一つとして挙げられます。**図 32** 左のように電磁波を遮断する薄い障害物（例えば金属壁）の一部に小さなスリット（穴）を開けておき、この障害物に対して波を垂直に入射する場合を考えてみましょう。このとき、スリットを抜けた電磁波は、単に直進するだけでなく障害物を回り込むような形で伝播することができます。このような現象のことを「回折」とよびます。

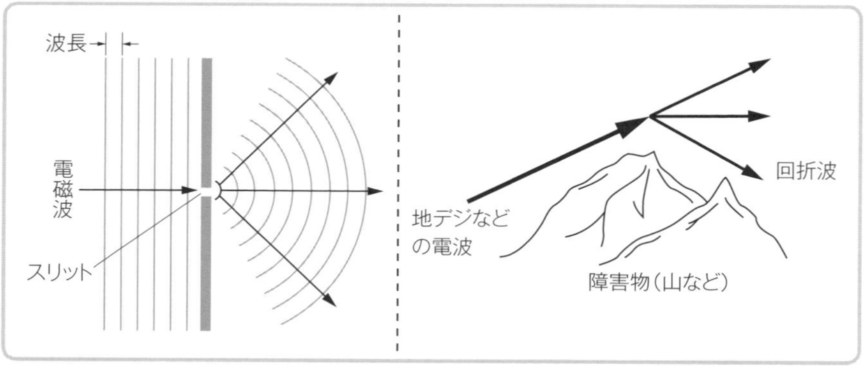

図 32 電磁波の回折の例。（左）スリットの入った障害物を回折するイメージ、（右）回折のおかげで山影でも地デジの電波が回り込むような形で届くイメージ。

回折現象は「ホイヘンス・フレネルの原理」（あるいは単に「ホイヘンスの原理」ともいう）を用いて説明できます。ホイヘンス・フレネルの原理を簡単に説明すると、「波の波面上の各点が二次波源となって、そこから新たな波が発生する」という原理です。つまり、**図 32** 左の状況であれば、スリットをすり抜けた電磁波の波面が新たな二次波源となり、そこから新たな電磁波が発生し伝播するということです。この二次波源も、電磁波の性質①をもっていますので、発生した電磁波は空間中に広がろうとします。最終的には、障害物を越えた電磁波があたかも障害物を回り込むような形で伝播するのです。

回折は、日常生活においても比較的自然に利用されている現象です。例えば、**図32**右のように地上デジタル（地デジ）放送などの電波が山などの障害物に当たると、電波の一部は山を回り込むような形で伝播します。これにより、地デジの送信アンテナが山の影で見えない位置となるような家庭でも地デジ放送を受信することができます。

性質⑥：電磁波は散乱する

散乱とは、**図33**のように電磁波が障害物（散乱体）に当たったときに四方八方に散乱する現象のことを示します。現象そのものは、性質③や性質④の反射・屈折と同様にして説明できますが、散乱を扱う場合には、**図30**のように電磁波の波長に対して十分に大きな境界面を考えるのではなく、**図33**のような有限の大きさをもった物体を対象にします。また物体の大きさは、波長と同程度かそれより大きいもの、あるいは小さいもの、という感じで電磁波の波長をベースにした大きさで議論されることになります。

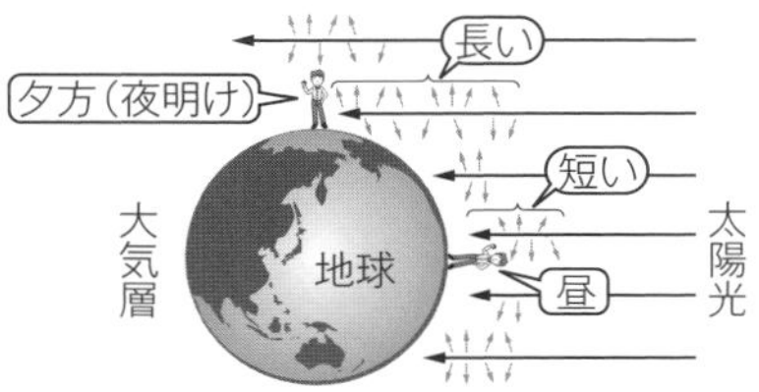

図33　昼間と夕方の空の色の違い。真昼は太陽光が通過する大気層の距離は短く、夕方はその距離が長くなる。

身近な光の現象から散乱を説明します。自然界における散乱現象の代表例が「夕焼け」です。人間の目は「可視光線」とよばれる波長帯の光を認識しますが、宇宙から届く太陽光は地球大気中の塵などによって散乱します。この散乱の度合いは長波長（色でいうと赤色やオレンジ色）よりも短波長（色でいうと紫色や青色）で大きくなるという性質があります。よって、夕方になって地表に対する太陽光の入射角が大きくなると、大気中を伝播する光の距離が昼間よりも長くなるため、短波長の光の散乱が大きくなって人間の目には届きにくくなり、長波長の光は比較的直接届くことになります。このような散乱現象の結果として、夕方になると私たちの目には空が赤く見えるのです。

散乱に関しては、波長と物体の大きさとの関係性によっていくつかの理論があるため、ここではごく簡単に解説します。光は電界と磁界をもっており、物質の荷電粒子を運動させます。そして、この電子の振動は新たな光を発生させます。この光が散乱光です。入射した光の振動数における電界と磁界によって動かされる電子も、同じ振動数で振動するため、新たに発生して出ていく光も入射した光と同じ振動数になるというわけです。

✦ Column　名称をより詳しく

波には２種類あり、進行方向に対してスプリングのように振動する「縦波」と、正弦波のような「横波」があります。例えば音は縦波で進み、電磁波は横波ということになります。横波はすでに説明してきたので理解できるでしょうが、縦波というのはどういうものでしょうか？　媒質が振動する方向が、波の進行方向に対して平行な波を縦波あるいは「疎密波」といいます。疎密波は、圧縮されて密度が高くなった部分（密部）と媒質がまばらな部分（疎部）とが交互に移動していきます。

1-7 ✦ 物理量、単位

物理量、単位の用語

電磁波にまつわる物理量は非常に種類が多く、またさまざまな単位が使われるので取っ付きにくく混乱してしまう人も多いと思います。もし、電磁波の性質や関係性を何となく知りたい場合は、これらは必ずしも重要ではありません。ただこれは、例えばメートルという単位を決めなければ長さに対する共通認識をもつことができず、「長い」や「短い」という相対的な意味で理解していることになり、「わかった気になる」ことで終わってしまいます。本節で示す物理量と単位については、面倒にならず電磁波を理解するために必要と思って、是非とも理解を進めてください。また、以下に示す用語は他章でも頻出しますので、使われている用語の物理量や単位がわからなくなったときは、この節に戻って確認してください。

電流　電流の単位は、国際単位系（SI）における七つの基本単位のうちの一つであるA（アンペア）です。Aは普段の生活でもよく見かけます。例えば、電動ポットのような大きな電力を使う機器のコンセントには、「15 A」などの電流容量が書かれています。Aの定義としては、電気素量（電子1個の電荷量のこと）を $1.602\,176\,634\times10^{-19}$ C（クーロン）と定め、1 Cが1 A･sと等しいとすることにより、国際的な会議によって決められました。

電圧・電位　電圧の単位はV（ボルト）です。Vも普段の生活でよく見かけます。例えば、日本の家庭での商用電源は交流100Vが使われているし、高圧送電線では100万Vもの電圧が使われます。単位VをSI基本単位のみで表すと $1\mathrm{V}=1\,\mathrm{m}^2\cdot\mathrm{kg}\cdot\mathrm{s}^{-3}\cdot\mathrm{A}^{-1}$ となります。「なぜ電気の単位なのに重さの単位（kg）が付いてくるの？」と不思議に思われるかもしれません。この点は、後に出てくるエネルギーの単位との結びつきから理解できます。

また、電圧のほかに電位という概念にもVの単位が用いられます。電位は電気的位置エネルギーの位置に相当するもので、電位そのもののイメージは難しいかもしれません。しかし、上述した電圧というのは実は二つの電位の差のことを表していて、例えば乾電池の1.5Vという表示は電池の＋極と－極の電位差、つまり電圧が1.5Vという意味です。よって、電池の＋極の電位が何Vかはわからなくても、乾電池の電圧は1.5Vということができます。電位の概念は、後に出てくる電界を説明する上で必要なので、ここでは概念として認識してください。

抵抗　抵抗の単位はΩ（オーム）です。抵抗と電圧と電流はオームの法則によって関係付けられます。すなわち、抵抗Rに流れる電流Iは、抵抗に加えた電圧Vに比例し、$V=RI$の関係式になります。よって、単位に関しては1 Ω＝1V/Aとなります。

電力　電力の単位はW（ワット）です。Wも普段よく見聞きする単位で、例えばコンビニエンスストアでお弁当を買うと、パッケージに「電子レンジ500 Wで1分」などの表記を見たことがあると思います。電力をPという変数で表すと、Pは電圧Vと電流Iの積で計算できます。すなわち、$P=VI$であり、単位については1 W＝1V･Aとなります。

エネルギー　エネルギーの単位はJ（ジュール）です。エネルギーの種類には、運動エネルギー、位置エネルギーなどのさまざまなエネルギー形態がありますが、物理量の単位としてはエネルギー形態によらずJを用います。エネルギーについては3章でより詳しく説明します。

電気関係のエネルギーの場合は、電力と時間の積がエネルギーとなり、単位に関しては1 J＝1 W･sとなります。皆さんの家庭の月々の電気代を支払う際の明細書にkWh（キロワット時）という電力量の単位が付いていると思います。このkWhのkWは電力の単位（1 kW＝1 000 W）であり、hは時間の単位（hは時間のことで1時間＝3 600秒、つまり1 h＝3 600 s）です。つまり、kWhという電力量はエネルギーのことを指していて、1 kWh＝1 000 W×3 600 s＝3.6×10^6 J＝3.6 MJとなります（Mはメガと読み、1 M＝10^6です）。

また、エネルギーにはいくつか別の単位も存在します。皆さんに馴染み深いのは、cal（カロリー）という単位でしょう。1 calは1 gの水の温度を1℃上昇させるのに必要なエネルギー（熱量）であり、日本では1 cal＝4.184 Jとしています（calとJの換算は定義によって微妙に違います）。

さて、物体の運動エネルギーが（質量）×（速度の2乗）÷2で計算できることは、中学校の理科で習います。質量の単位 kg と速度の単位 m/s を使えば、エネルギーは $1\,\mathrm{J}=1\,\mathrm{kg}\cdot\mathrm{m}^2\cdot\mathrm{s}^{-2}$ で表すことができます。一方で $1\,\mathrm{J}=1\,\mathrm{W}\cdot\mathrm{s}=1\mathrm{V}\cdot\mathrm{A}\cdot\mathrm{s}$ なので、エネルギーを経由して単位換算すると $1\mathrm{V}=1\,\mathrm{m}^2\cdot\mathrm{kg}\cdot\mathrm{s}^{-3}\cdot\mathrm{A}^{-1}$ となります。つまり、先ほどの電圧の単位を別の表し方で換算すると重さの単位 kg が現れるのです。

電流密度・電荷密度　電流密度の単位は $\mathrm{A/m^2}$ です。ここで「密度」という言葉が出てきますが、電気磁気関係において密度という言葉は「面積密度」か「体積密度」のどちらかを指すことがほとんどです。電流密度や、後述する電束密度や磁束密度は、いずれも面積密度に対して定義されます。一方で体積密度を使うのは電荷の密度を表すときの電荷密度であり、電荷密度の単位は $\mathrm{C/m^3}$ です。本書では省略しますが、なぜ物理量によって面積密度と体積密度を使い分けるのかは、電磁気学を司るさまざまな法則や方程式をたどることによって理解できます。もし、単位について深く知りたい場合は電磁気学の一般的な専門書を参考にしてください。

電界　電界の単位は V/m です。電界は、空間中に電荷が存在することによって発生する電位の勾配（傾き）を表すための物理量です。電位の単位は V であり、空間の勾配というものは要するに「単位長さあたり」という意味に相当するので、電界の単位は V/m となります。

電束　電束の単位は C です。つまり電荷の単位と同じです。電束とは電束線の数を表すものなので、一見すると無次元の単位のように思われるかもしれません。しかしながら、次に述べる電束密度を面積で積分したものが電束になること、および任意の閉じた曲面（閉曲面）内に存在する電荷から発生する電束密度を閉曲面で面積積分したものが電荷量そのものになる（これを「ガウスの法則」とよびます）ことから、電束にも C の単位を与えています。

電束密度　電束密度の単位は $\mathrm{C/m^2}$ を用います。1-3 節に示したガウスの法則の通り、ある閉曲面内に存在する電荷から発生する電束密度を閉曲面で面積積分したものが電荷量そのものになることから、電束密度の単位が決定されます。

誘電率　誘電率の単位はF/mです。Fはファラドと読み、次に述べる静電容量の単位のことです。電束密度をD、電界をE、誘電率をεで表したとき、これらの関係は$D=\varepsilon E$となることから、誘電率の単位は電束密度を電界で割ったもの、すなわち（C/m^2）÷（V/m）＝C/（V･m）と表すことができます。しかし、実は単位換算において1 C/V＝1 Fとなるため、一般的には誘電率の単位をF/mで表します。

静電容量・キャパシタンス　静電容量の単位はFです。静電容量とは、電荷をどの程度蓄えることができるかを表す指標として使われます。例えば、コンデンサとよばれる電気を蓄える素子の容量の単位にはFが用いられます。また、静電容量をC、電圧をV、電荷量をQとしたとき、これらの関係は$Q=CV$と表すことができるため、上述の通り1 F＝1 C/Vとなります。電気回路の分野では静電容量のことをキャパシタンスとよぶことが多く、また静電容量をもつ素子のことをコンデンサやキャパシタとよびます。

磁界　磁界の単位はA/mです。磁界なのに電流の単位Aが出てくるのですが、これは電流を流すとアンペールの法則によって磁界が発生することに起因します。ある方向に電流を直線的に流したとき、磁界は右ねじの方向に輪を描くように発生するという法則があり、このとき発生した磁界を輪に沿って曲線で積分（周回積分）した値が電流に一致するという法則がアンペールの法則です。線は長さのことなので、単位だけを考慮すれば（磁界）×（長さ）＝（電流）、つまり磁界の単位は（電流）÷（長さ）からA/mと求めることができます。

磁束　磁束の単位はWb（ウェーバ）を用い、他の単位に換算すると1 Wb＝1 V･sとなります。磁束なのに今度は電圧の単位が出てくるのですが、これは磁束の時間変化によって起電力（電圧）が発生するというファラデーの電磁誘導の法則に基づいています。

磁束の時間微分、つまり磁束の時間変化は、単位だけを考慮すれば（磁束）÷（時間）のことです。これが電圧に等しくなるので、（磁束）＝（電圧）×（時間）つまり単位換算としては1 Wb＝1 V･sとなるのです。「じゃあ、Wbなんて使わずにV･sを使えばいいじゃん！」と思われるでしょうが、電束と磁束の対応関係から意図的にWbという単位を用いています。つまり電束や電荷の単位にA・sではなくCという別の単位を使っているので、磁束にもWbという別の単位を使いましょう、ということです。

なお、電荷に対応する「磁荷」を仮想的に設定すると、磁荷の単位もWbとなります。ただし、磁荷は電荷と違って単独では存在できない（磁石にはN極とS極が必ず存在する）ので、本書では深入りしません。

磁束密度　磁束密度の単位はWb/m^2です。これは、電界と電束密度との対応関係と照らし合わせ、磁界に対してガウスの法則を適用すれば腑に落ちるでしょう。ところが、磁束密度の単位にはWb/m^2のほかにT（テスラ）という単位も用いられます。$1\,T=1\,Wb/m^2$なのでどちらの単位を使っても同じことなのですが、一般的にはTが用いられます。

経緯としては、1960年代ごろまでは磁束密度の単位にG（ガウス）が用いられていたこととも関係します。昔は磁石の強さをGで表しており、テレビコマーシャルなどでもガウスという単位が使われていました。しかしながら、1960年代以降、国際単位系（SI）への統一機運が強まり、Gという単位を直接的に国際単位系（SI）に組み込むことが困難となったのです。そこで、新たにTという単位を作ってWb/m^2との直接的な対応（$1\,T=1\,Wb/m^2$）を図ることになりました。

参考までに、ガウスとテスラの換算は$1\,T=10^4\,G$となります。

透磁率　透磁率の単位はH/mです。Hはヘンリーと読み、後述するインダクタンスの単位として用いられます。誘電率と同様にして、磁束密度をB、磁界をH、透磁率をμとすると、$B=\mu H$です。よって、透磁率の単位は磁束密度を磁界で割ったもの、すなわち、$(Wb/m^2)\div(A/m)=Wb/(A\cdot m)$と表してもよいのですが、実は単位換算において$1\,Wb/A=1\,H$のことなので、透磁率の単位をH/mと表しています。

インダクタンス　インダクタンスの単位はHです。インダクタンスは、コイルなどのように電流を流したときに磁気を蓄える素子の性質を指します。これは、電圧を加えると電気を蓄えるコンデンサとの対応関係から類推するとわかりやすいでしょう。静電容量の単位は$1\,F=1\,C/V$でした。よって、電荷を磁束に、電圧を電流に対応させると$1\,H=1\,Wb/A$がインダクタンスの単位となることは類推できるでしょう。電気回路の分野では、インダクタンスをもつ素子のことをコイルやインダクタとよびます。

ここまで来れば皆さんもお気づきかと思いますが、実は電気にまつわる単位と磁気にまつわる単位の間には、対応関係がよく整っています。**図 35** にこれまで示した単位とその対応関係をまとめたので、この対応関係をみながら物理量を表す単位に是非とも馴染んでください。

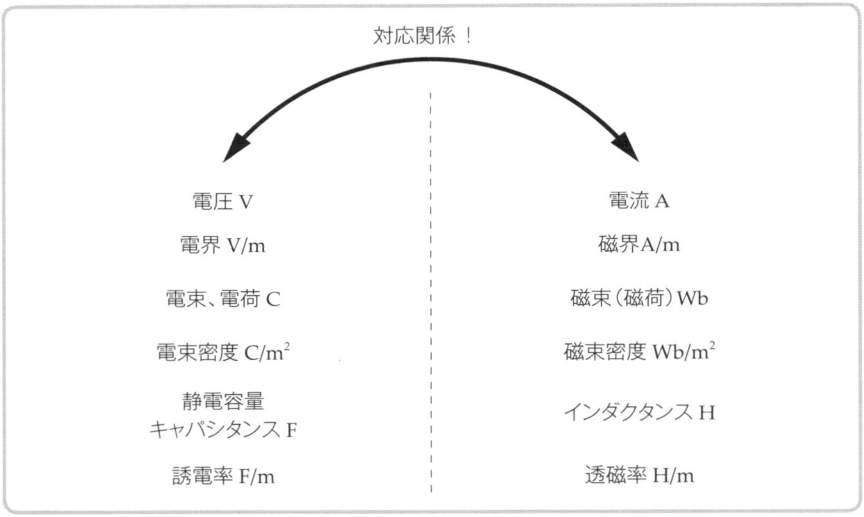

図 35 電気にまつわる単位と磁気にまつわる単位の対応関係

導電率、電気抵抗率　最後に導電率と電気抵抗率の単位は、それぞれS/m、Ω・m です。S はジーメンスと読み、$1\,\mathrm{S}=1\,\Omega^{-1}$、つまり抵抗の逆数のことです。導電率 σ は、電流密度 J、電界 E から $J=\sigma E$ と表せるので、単位は（A/m^2）÷（V/m）＝（A/V）/m＝S/m となることは容易にわかります。また、電気抵抗率 ρ は導電率の逆数なので $E=\rho J$ となり、単位は（V/m）÷（A/m^2）＝（V/A）・m＝Ω・m となります。ここで、電気抵抗率の式をよく見れば、（電圧）＝（抵抗）×（電流）というオームの法則に非常に似ています。似ているどころか、実は $E=\rho J$ という式は単位面積あたりに流れる電流を考えたときのオームの法則そのもので、電流の流れる方向に対して電界を線積分すれば電圧が、電流が流れる面での電流密度を面積積分すれば電流がそれぞれ得られます。そして、そのときの電気抵抗率に相当する部分が抵抗そのものなのです。電気抵抗率は電気化学の分野でも馴染みがあると思いますが、その根底にはオームの法則が存在します。

最後に、電磁波にまつわる物理量と単位を**図 36** にまとめました。

物理量	単位	一般的に使われる変数	備考
電流	A	I	1 C = 1 A·s
電圧・電位	V	V 電源の場合 E を使うことも	$1\ \mathrm{V} = 1\ \mathrm{m^2 \cdot kg \cdot s^{-3} \cdot A^{-1}}$
抵抗	Ω	R	1 Ω = 1 V/A
電力	W	P	1 W = 1 V·A
エネルギー （仕事）	J	E あるいは W	$1\ \mathrm{J} = 1\ \mathrm{W \cdot s} = 1\ \mathrm{kg \cdot m^2 \cdot s^{-2}}$
電流密度	$\mathrm{A/m^2}$	J	面積密度で定義
電荷密度	$\mathrm{C/m^3}$	ρ	体積密度で定義
電界	V/m	E	
電束	C	φ	使用頻度は少ない
電束密度	$\mathrm{C/m^2}$	D	面積密度で定義
誘電率	F/m	ε	$D = \varepsilon E$ の関係
静電容量・ キャパシタンス	F	G	1 F = 1 C/V
磁界	A/m	H	
磁束	Wb	Φ	1 Wb = 1 V·s
磁束密度	$\mathrm{Wb/m^2}$	B	面積密度で定義
透磁率	H/m	μ	$B = \mu H$ の関係
インダクタンス	H	L	1 H = 1 Wb/A
導電率	S/m	σ	$J = \sigma E$ の関係 $1\ \mathrm{S} = 1\ \Omega^{-1}$
電気抵抗率	Ω·m	ρ 電荷密度と同じ変数を使うが混同することはほぼない	$\rho = 1/\sigma$ および $E = \rho J$ の関係

図 36 **電磁波にまつわる物理量と単位**

参考文献

福田益美：『電磁波を拓いた人たち　日本人も歩んだ 400 年の旅』、アドスリー（2008）
佐藤文隆、北野正雄：『新 SI 単位と電磁気学』、岩波書店（2018）
国立天文台 編：『理科年表 2020 令和 2 年 第 93 冊』、丸善出版（2019）
松室尭之：『「近い」と「遠い」の境界線を探る―次世代の無線伝送システムに向けて―』、龍谷理工ジャーナル、Vol. 29–2、No. 73、pp. 7–11（2017）

2章

電磁波のミクロな世界 ——量子

1800年ごろの溶鉱炉。19世紀末ごろ、ヨーロッパの製鉄業では、溶鉱炉の効率的な管理が望まれていた。そのためには、炉内の温度を正しく測定する必要があり、熱と光の関係から量子仮説が導き出された（2-3節参照）。

［図の出典：Blast furnace（from Das Heller-Magazin, April 26, 1834）
@Adobe Stock］

2-1 ✦ 量子

量子とは？

本節のタイトルの「量子」と聞いて、何やら難しそうだなと思われる人も多いのではないでしょうか。最近、量子の性質を利用した量子コンピュータを完成させたというニュースがありました。この量子とは一体、何者なのでしょうか？　先に言ってしまうと、量子とは「整数で数えられる小さなかたまり」を指します。それなら小麦粉や塵も量子なのか？　と思われるかもしれません。また、量子は「電磁波」と、どのような関係があるのでしょうか？　謎ばかりの本章ですが、量子の説明から始めたいと思います。

離散量と連続量

例えば、夏の暑い日に何かを飲もうとしてコップを取り出し、まずは氷を10個入れるとします。もし、この氷の重さがきっちり1個あたり20 gだとすると、氷を一つ入れるたびにコップの中の重みは20 gずつ増えていくことになり、10個入れると200 gになります。このような段階的な変化のことを「離散的な変化」とよびます。すなわち、コップに入っていく氷の数は段階的に増え、それに応じて重さも段階的に増えるので、このような状況を「離散量の変化」とよびます。

次に、コップの中に氷ではなく純粋な水200 gを入れるとしたら、どうでしょうか？　ピッチャーから一定の速度で水を注いだとき、コップの中の水の量は1 gずつといった離散的な変化ではなく、連続的に変化することがわかると思います。このような状況を「連続量が変化」しているといいます。

ところが、これを「量子」的に考えるとそうはいきません。コップに注がれている水は水分子（H_2O）で構成されていることはご存じのとおりです。つまり、コップに水を注いでいるときは、この水分子をコップの中に注いでいるとも考えることができるのです。水という大きな単位で考えると、その変化は連続的変化といえますが、分子という細かな単位で考えると、その一つひとつの分子がコップへと段階的に入っていくことになり、離散量が変化しているとも考えることができます。このコップに入っている分子の数は、1.5 個といったように小数で数えることはできません。普段は連続量だと思っていた物理量を分子の世界のスケールで見てみると、離散量になっているのです。こういった「整数で数えられる小さなかたまり」の総称を、私たちは量子と呼んでいます。

量子のサイズ感

では、量子になる大きさの境目は、どのくらいでしょうか？　私たちの目に見えるようなものの大きさを「巨視的（マクロ）」なスケールといい、目に見えないほど小さなものの大きさを「微視的（ミクロ）」なスケールとよびます。

例えば、マクロなスケールの水の構成要素を分割していくと、水分子（H_2O）に分けることができますが、それをさらに分けると水素原子と酸素原子になり、この原子が量子の世界に入るための、サイズ的な入口になります（**図 1**）。これら原子は、原子核と電子に分けることができ、原子核はさらに陽子と中性子に分けることができます。

これで終わりかなと思うと、さらに続き、陽子と中性子はクオークとよばれる素粒子から構成されています。例えば、陽子は「アップ」「アップ」「ダウン」とよばれる三つのクオークで構成されており、これらはグルーオンとよばれるボーズ粒子で強く繋ぎ止められています。一方、中性子は「アップ」「ダウン」「ダウン」で構成されていて、こちらもグルーオンで繋ぎ止められています。

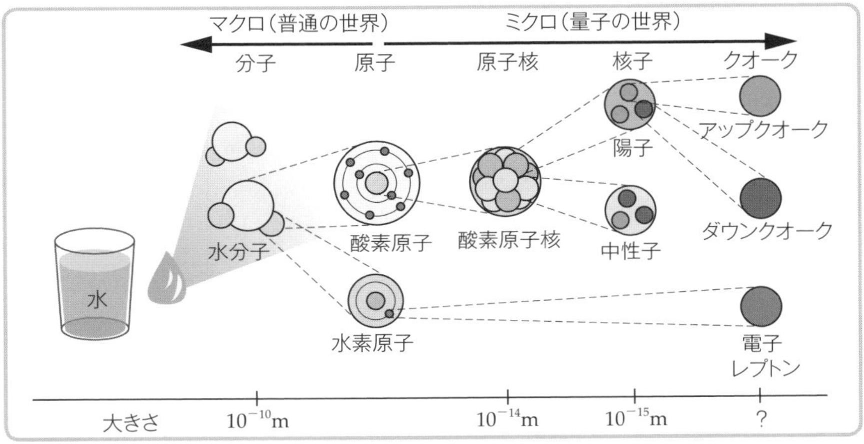

図 1　**水の巨視的（マクロ）なスケールから微視的（ミクロ）へ分割イメージとサイズ**

それでは電子の構造はどうなっているのでしょうか？　電子には内部構造がなく、これ以上、分けることができません。電子自身が素粒子の一つであるレプトンに分類されており、電子はレプトンの中でも電気をもっている荷電レプトンというグループに所属しています。荷電レプトンとは別に、電気をもっていないニュートリノというグループもあります。量子の世界を日常的に見ることはできませんが、すべてのものはクオークとレプトンで構成されていることになります。

ところで電子は素粒子なので、何かの「粒」ということになります。どのように「粒」と定義されたのでしょうか？　ロバート・ミリカン（1868–1953、アメリカ）は油滴実験を行い、電子が「電荷をもつ塊」であることを確認しました。このミリカンの油滴実験とはどのようなものなのでしょうか？　ミリカンは、油を入れた霧吹きで箱の中に細かな油滴を噴霧し、油滴が落下する様子を顕微鏡で観察しました。このとき、箱の中に電極板を上下に設置して、電圧を印加する場合と印加しない場合の油滴が落ちる速度を測定しました。電圧を印加しない場合は電極間に静電界がない状態であるため、油滴は重力によって一定の速度で降下します。一方で電極に電圧を印加すると、油滴は重力によって降下する力と、電界によって上昇しようとする力が働きます。これにより電圧を印加しない場合の油滴に比べて下降速度が低下しますが、この速度差を計算することで、油滴に帯電した電気量を測定することができます。

さまざまな条件で実験を行うと、求められる電気量は 1.592×10^{-19} の倍数であることがわかりました。すなわち、電子は離散的な電気量をもっており、量子化された値であることがわかったのです。このことから、電荷には e という最小の単位があり、その電荷を担う実体が電子であると結論に至りました。また、この e を基準にすれば、油滴の中に含まれる電子の数を一つ、二つと数えることができます。一方で油滴が電子 0.5 個分の電荷をもつことはありえませんでした。したがって、電子は離散量であり、それ以上分割できないと考えられました。ただし、ミリカンの実験では「電子は粒」であることを発見したわけではなく、電子は「一定量の電荷をもつ塊（実体）」であることを提案したのです。現在では、この値を電気素量 e（単位はクーロン C）として $1.602\,176\,634\times10^{-19}$ C であることがわかっています。

物質が原子（アトム）からなるという考えは、紀元前5世紀ごろ古代ギリシャのデモクリトス（460BC ごろ–370BC ごろ）によって提唱されました。この「アトム」の語源は「不可分のもの」という意味です。現在の原子の概念は19世紀ごろに化学の分野で「質量保存則」と「定比例の法則」を説明するものとして、ジョン・ドルトンが確立しました。その後、19世紀末ごろになって原子が関わる現象を詳しく調べてみると、ミクロな世界は私たちが日常で目にする世界とは全く異なる振る舞いをすることがわかってきたのです。

私たち人間も原子で構成されています。何個くらいの原子で構成されているのか考えてみましょう。例えば体重が 64 kg の人を構成している原子の数は、原子の組成と体重から、おおよそ 6.0×10^{27} 個であると求めることができます（**図2**）。これだけでも想像できないほどの大きな数ですが、原子を構成している電子や素粒子の数まで考えると、さらに膨大な数となります。私たちを構成している電子や素粒子は、私たちに見えている世界とは全く異なった振る舞いをしますが、この「全く異なった振る舞い」が機能して、私たちの振る舞いを決定しているのです。

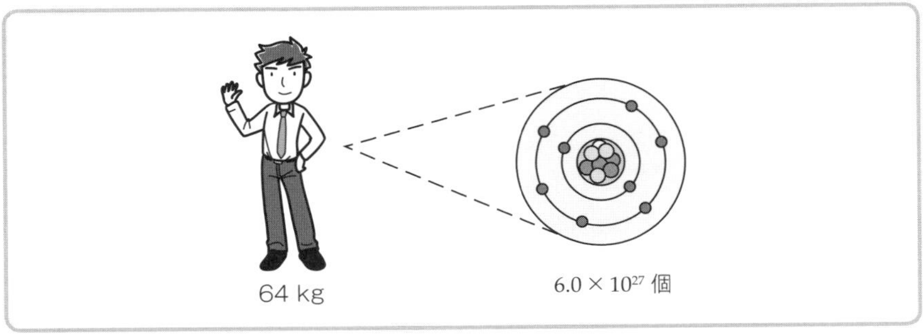

図2 **人を構成する原子の数。私たちは膨大の量の原子で構成されている。**

このようなサイズ感の違いから、量子の世界は私たちの世界とは別の次元なのではないかと考えられていました。この不思議な世界を探求しようと、19世紀末ごろから多くの科学者が精力的に研究を行いました。そして、この研究分野は、マックス・プランク（1858–1947、ドイツ）が提唱した「量子仮説」から、現在では「量子論」とよばれています。この量子論の誕生には、光や物質構造に対する古典的な物理学の説明が限界に来ていたという時代背景があり、この時代のニーズによって産み出されたといわれています。

量子の世界

量子の世界では、私たちの身のまわりの物理法則を司るニュートン力学などは通用せず、「量子力学」とよばれる不思議な法則が支配しています。例えば、湖畔の波を見ていると、波は物質ではなくて「状態」を表しています（**図3**）。しかし、この状態は水という「物質」があってはじめて成り立ちます。

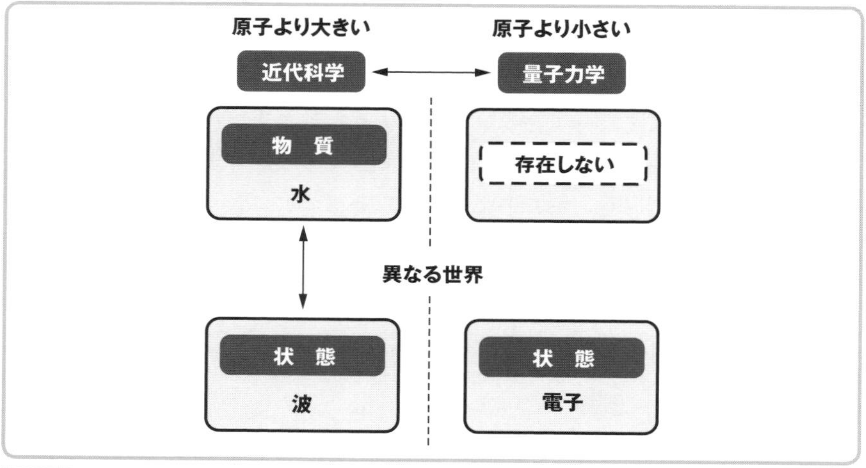

図3 近代科学と量子力学の違い

原子より大きい世界では、物質と状態がはっきりと区別されています。原子より小さい量子の世界ではどうなのでしょうか？ どこまでが物質で、どこまでが状態なのか、実は量子の世界でこれを判別するのは困難なのです。例えば電子は何かの「もの」のように思うものですが、それでは「電子は何からできているのでしょうか？」と問われても、実はそんな「もの」はないのです。「状態」を表すことのできる電子ですが、物質ではないのです。

ミクロの世界を支配する事柄

私たちの世界とは異なる量子の世界では、どのようなことが起こるのでしょうか？ 量子の世界を研究する量子論には二つの重要な事項があります。それは「状態の共存（重ね合わせ）」と「波と粒子の二重性」です。

まずは量子論の主役である電子を使って「状態の共存」を説明したいと思います。**図４**に示すように、仕切り板を真ん中に入れることのできる箱があったとします。この箱の中に電子を一つ入れ、箱を振って電子を転がします。その後、箱の中を見ないようにして仕切り板を箱に入れます。このとき、電子は仕切り板の左と右、どちらにあるのでしょうか？

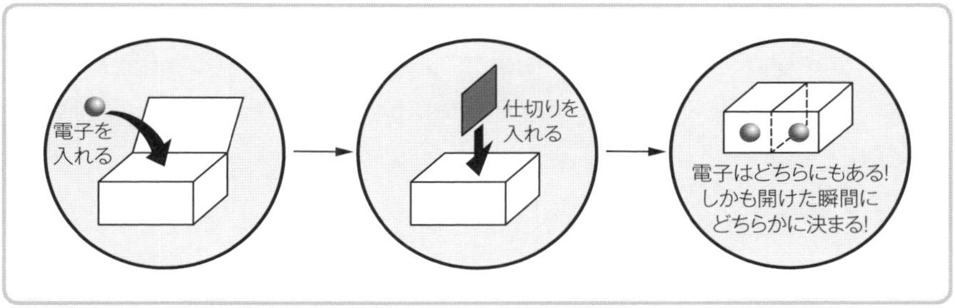

図４　量子論における電子の存在のイメージ。電子はどこにあるのか？　観測者が見ない限り、電子はどこにでもある。

「電子は仕切り板の右か左に存在する」と普通は思います。しかし、「量子の世界のルールに則ると」電子がどちらに存在するかの確率は 1/2 と決めることはできません。それはどういったことでしょうか？　量子の世界のルールでは「箱の中のさまざまな場所に電子が同時に存在している」ことになり、そして、箱を開けて中を見てみると、箱の中のどこの位置に電子があるかが確定するのです。また、このような量子の振る舞いを「不確定性原理」といいます。

量子のもう一つの特徴として、波と粒子の二面性が挙げられます。これは量子が「波動の性質」と「粒子の性質」をもっていることを指しています。

「波」と「粒」が混在して構成される物質とはどのようなものなのでしょうか？　次節では、どのように量子論の考えに至ったのかについて説明します。

2-2 ✦「波」と「粒」の決着の経緯

光の粒子説

17世紀中ごろ、当時ケンブリッジ大学の学生であったアイザック・ニュートン（1643–1727、イギリス）は三つの偉大な発見をしました。そのころ流行していたペストによって大学が閉鎖され、実家に帰ってのんびりと研究だけに没頭していた1年の間に成し遂げられた業績の一つに光についての研究があります。

ニュートンの著書で1704年に出版された『光学、すなわち光の反射・屈折・回折・色についての論考』（*Opticks or a treatise of the reflections, refractions, inflections and colours of light,* 1704）では、光の射線は発光物質から発射される非常に小さな物体ではないかと仮説を立てています。なぜなら、

> *このような物体は一様な媒質中を影の中に曲がりこむことなく直線的に進むだろうからである*

と述べています。天気の良い日に外に立っていると、人の影は太陽とは真逆の方向にでき、影の周辺が非常にシャープではっきりしています。この現象からニュートンは光の粒子説を唱えました。すなわち、もし光が波ならば、光が物陰に回り込むため、影の周辺はぼやけるとニュートンは思ったからです（**図5**）。それだけに留まらず、ニュートンは、この宇宙のすべては小さな粒子でできていて、ニュートンが考えた力学の法則に従って運動していると考えていました。ここには光も含まれ、その証拠に光は障害物がなければどこまでも直進する（慣性の法則）ことから理解できるからと考えていました。光は、光源から発射される小さな粒子であり、この粒子が空間を飛んでいくというものです。こうした考え方を「粒子説」といいます。しかし実際には、ニュートンは光が波としての性質をもっていることも理解していたともいわれています。

図 5　光の波動説を否定するニュートンの考えのイメージ

光の波動説

実は、ニュートンが光は粒子でできていると発表する以前、光は波動であると考えられてきました。同じく 17 世紀、ルネ・デカルト（1596–1650、フランス）は

> *すべての空間には連続でいくらでも細かく分割できる微細物質がつまっており、あらゆる物理現象はその中に生じる渦運動として説明できる*

と考え、これを渦動説（かどうせつ）としました。また、「光とはその宇宙に満ちている微細物質の中の縦波のような圧力である」とも説明しており、これが当時の光に関する考え方の主流でした。

ロバート・フック（1635–1703、イギリス）はこの考え方を受け継ぎ、デカルトの提唱した宇宙に満ちている微細物質を「エーテル」とよび、光とはエーテルの中を伝わる「振動（波動）」であると説明しました。その後、この考え方を引き継いだクリスティアーン・ホイヘンス（1629–1695、オランダ）は『光についての論考』（*Traité de la lumière,* 1690）という著作を 1690 年に出版しました。この本の出版はニュートンが『光学』を発表する 14 年前のことです。

この本の中でホイヘンスは、光が進む仕組みを次のように説明しています。

例えば、波をイメージする場合、ある平面波が湖で進んでいるとします。この平面波の先に防波堤があるとします。この防波堤の隙間からでた水は球面波となります（**図 6**）。この現象から、ホイヘンスは素元波という考え方をしました。このとき、波が点で構成されていると考えると、ある瞬間における波面を構成している各点が新しい波源となり、球面波の素元波が生じ、これらの素元波に共通に接する面が次の瞬間の波面となると考えました。

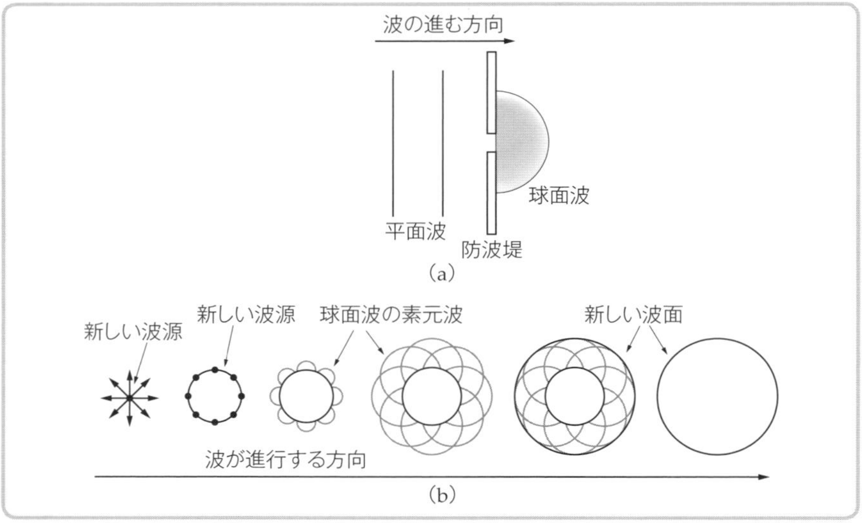

図 6 ホイヘンスの原理。(a) 平面波から球面波（素元波）が発生するイメージ。(b) 波源から新しい波源が発生して新しい波面が発生するイメージ

この考え方は「ホイヘンスの原理」とよばれ、光の振る舞いのうち、直進、反射、屈折を説明することができます。電磁波の反射や屈折は 1-6 節で解説した通りです。

デカルトの時代から積み上げられた光の正体を、ホイヘンスは『光についての論考』に「波動説」としてまとめました。また、この本の中で

この本を出発点にして、この謎に私よりも
深く切りこんでいく人が現れることを、期待しています。

この研究テーマは、まだ探求されつくされていないのですから。

と述べており、光の解明はまだ続くことを示唆しています。

その後、ニュートンの粒子説とホイヘンスの波動説の間で、さまざまな科学者による論争が起こりました。**図 7** にそれぞれのイメージを示します。結局、18 世紀の科学者に受け入れられるようになったのは、ニュートンの粒子説でした。これは、ニュートンの『光学』が一般の読者にも読みやすく書かれていたため、内容が理解しやすかったからだといわれています。その後、ニュートンの粒子説が権威化され、波動説の存在は 19 世紀まで表舞台から去ります。

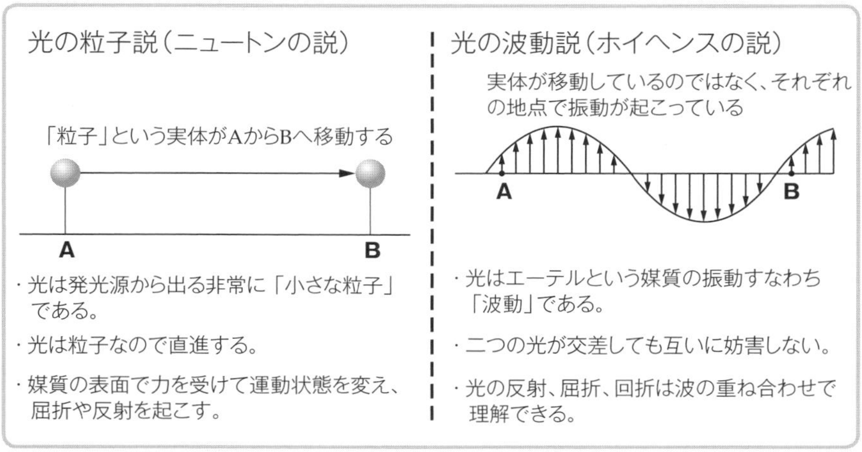

図 7　波動説と粒子説のイメージ。位置 A～B において、（左）粒子説は実体の移動を示し、（右）波動説はその空間（場）の変化を示す全く異なったもの。

ニュートンとホイヘンスの発表からおおよそ 100 年後、この議論はまたぶり返します。オーグスチン・フレネル（1788–1827、フランス）が、光の波動は「極めて短い波」だと発表し、ニュートンの粒子説を否定したのです。この根拠になった理論は光の「干渉」を数学的に証明することができました。そして、1815 年には、光の「反射や屈折」についても明確な物理法則を打ち出しました。

ヤングの実験

フレネルが波動説を発表した２年後の1817年には、トーマス・ヤング（1773–1829、イギリス）が光の波動性と粒子性を判別するための重要な二重スリットの実験を行いました（**図８**）。例えば、スリットが空いた鋼鉄の壁に向かってマシンガンを連射したとします（**図８**(a)）。弾のほとんどは壁によって跳ね返りますが、運よくスリットを通った弾は、奥の壁に弾の痕をつけます（**図８**(b)）。すなわち、もし光は粒子であるなら、これと同じ結果になります。

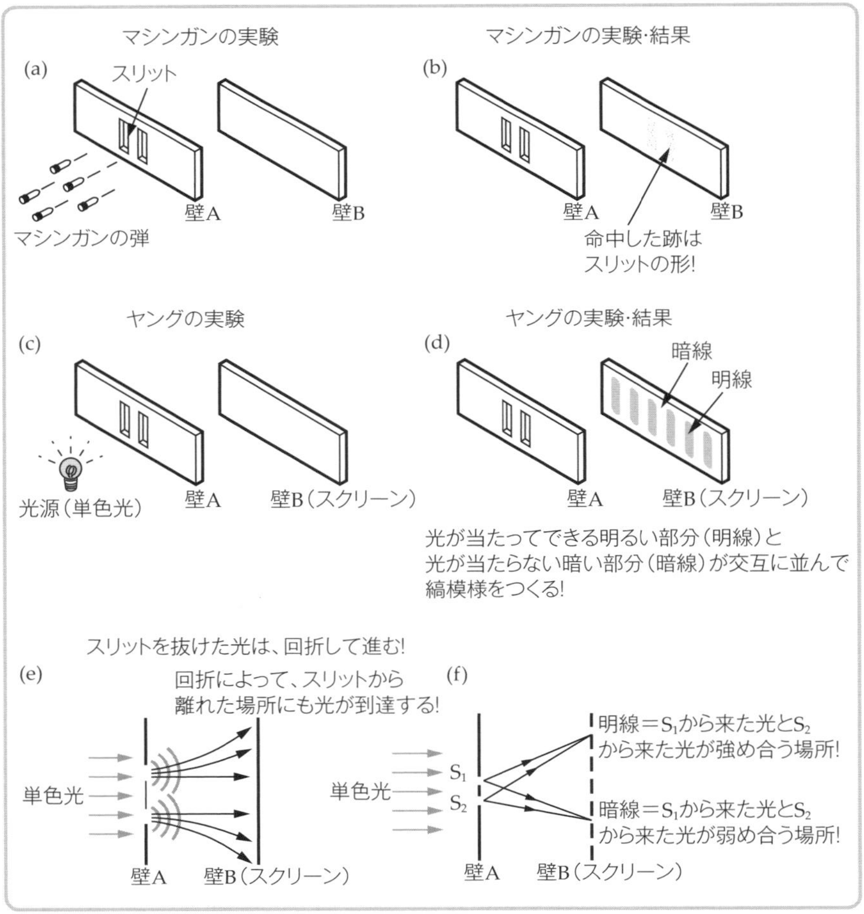

図８ 光の波動性と粒子性を判別するために行った二重スリットを用いた実験のイメージ

次に同じ壁を使って、マシンガンの代わりに単色光ランプを使って、スリットを通った光を確認しました（**図8(c)**）。もし光が粒子であればマシンガンを連射したときと同じように、後ろの壁だけが光るわけです。ところが、そのようにはなりませんでした。実際には、スリットを通り抜けた光は広域に縞模様をつくったのです（**図8(d)**）。

なぜ、このようなことが起きたのでしょうか？　光は広がって進むことができるため、このようなパターンが生じたとヤングは考えました（**図8(e)**）。

「待てよ。回折して進めるのなら、全体が明るくなるはずでは？」と考える人もいると思いますが、これには二つの理由から説明することができます。一つ目は波長と回折の関係で、二つ目は光の干渉が関係しています。

一つ目の理由である波長と回折の関係について説明します。**図9**に示すように、下方から来た波は狭いスリットを抜けた後、上方に進んでいます。このとき、壁の裏側に抜けた波は回折によって広がっていきます。波長が長いと回折する波がはっきり見えますが、波長が短くなるにつれ、直進する波が目立ち、回折して回り込む波は目立たなくなります。例えば、電波のような波長が長い電磁波の回折では隅々まで回折しますが、光のような波長の短い電磁波では、回折はそれほど目立たなくなることから、全体が明るくならないわけです。

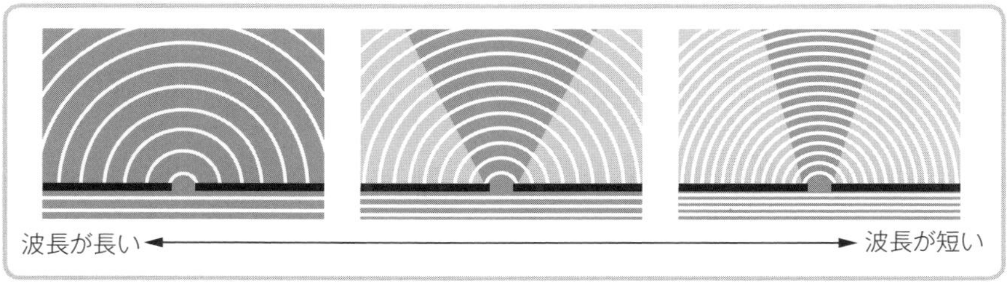

図9　波長に対する波の回折の変化。波長が長いと回折が大きく、波長が短いと回折が小さい。

二つ目の理由である光の干渉について、波の干渉を例に説明します、私たちが船から海面を見下ろしたとき、海水は波に伴い移動することはせずに、上下するだけであることに気づきます。よく見ていると、複数の波が重なり合って新しい波形が生じることもあります。これを「波の干渉」とよびます。形が揃った正弦波（同位相）の「山と山」、「谷と谷」が合わさると、「強め合う干渉」となり、その高さは2倍の一つの正弦波になります（**図 10**）。一方で山谷が逆の正弦波（逆位相）が重なり合わさると「弱め合う干渉」となるのです。

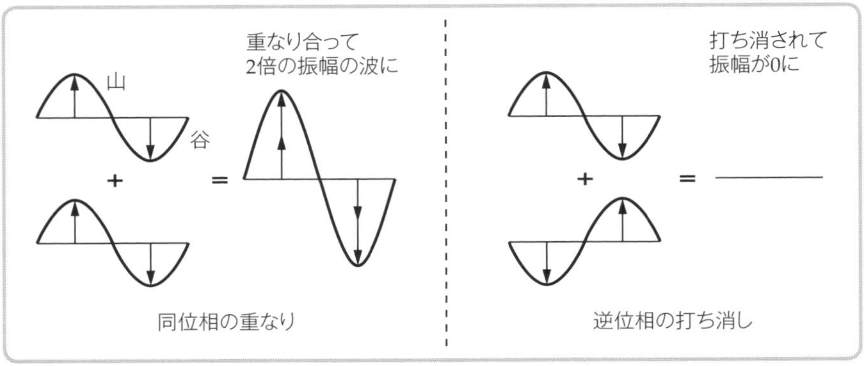

図 10　波の干渉のイメージ図。（左）同位相の波が重なることで波の高さ（振幅）が二倍になる。（右）逆位相の波が重なることでお互いの波が打ち消し合い、その結果として波が消滅する。

ヤングの実験からわかった二つの現象は光が粒子だと起こらないため、ヤングは光が波動の性質をもっていると考えたわけです。

また、ヤングは、光の波長が1 μm以下であることを計算から求めました。それだけでは終わらず、「光は横波」であることの手がかりも得ました。光の波動説を唱えたヤングは当初、ニュートンの権威に逆らう者として非難されたようです。しかし徐々に波動説の考え方が力をもつようになり、誰もが忘れ去っていた波動説に科学界は再注目しました。

その後、屈折率と光速の関係から議論の勝敗が見えてきました。空気中から水に光が入射するとき、光が屈折を起こして曲がることはご存じだと思います。光は入射角に対して、より小さな屈折角で水中に進入します。この現象を理解する際に、ニュートンによる粒子説を用いて説明をすると、「光の粒子は空気中から水に入るとき水により強く引かれるので、引き込まれるように曲がり、速度の向きが変化する」となります。この場合、粒子の速さは水に引っ張られるのでより早くなることが想像できます。つまり、水中では空気中より光の速さが速いことになります。一方、ホイヘンスによる波動説を用いて説明すると「光は波なので水の抵抗があることから、空気中よりも水中の光の速さは遅くなる」と考えられました。

ですが、当時は光速を測ることができなかったので決着がつきませんでした。その後、1850年にレオン・フーコー（1819–1868、フランス）が回転鏡法による光速度測定で（4-3節参照）、空気中と水中の光速の比較をしました。その結果、空気中に比べて水中の光速は約3/4になることがわかり、波動説に軍配が上がったようです。

それでは本当にニュートンの粒子説は間違いだったのでしょうか。その後、粒子説の可能性を浮上させたのはアルベルト・アインシュタイン（1879–1955、ドイツ）です。このアインシュタインの粒子説は2-4節に続きます。

✦ Column　電磁波は干渉する

最近は雑音を取り除いてくれるアクティブ・ノイズキャンセリングを搭載したイヤホンが主流になっています。実は、このイヤホンにも「波の干渉」が利用されています。イヤホンから雑音の波（音波）と真逆の波形の音波（逆位相の音波）を出しており、これが雑音の音波とお互いを打ち消し合うことで雑音を消しているのです。あんな小さな機械の中で、人が聞く前に、周囲の雑音を拾い、その波形を解析し、その逆位相の音を出しているなんてすごいですね！

2-3 ✦ 量子世界の幕開け

バーベキューで欠かせないのが炭焼きですが、炭が十分熱せられたかは炭の内部が赤く光っているかどうかで確認できます。誰から教わったわけでもないのに、「黒い炭が赤く光っていると高温だな」と無意識に考えてしまうものです。この赤い光は何なのでしょうか？　これは熱が電磁波として発光した赤色なのです。

多くの物質は加熱すると赤色になるため、人は赤色を見ると「熱そう」と連想します。物質がさらに高温になると、白色に発光します。ところで、なぜ物質を加熱すると光が出て、しかも色が変わるのでしょうか？　この疑問を解決するために「量子論」という学問分野が生まれました。どうも量子論を用いれば電磁波の正体がわかりそうです。本節では光と色から量子仮説の登場までを見ていきましょう。

物体の色と温度の関係

電磁波の正体は波動であると誰もが思っていた19世紀末ごろ、ヨーロッパの産業分野では製鉄業が著しい発展を遂げていました。安定的に鉄を生産できれば国が豊かになる時代、溶鉱炉の効率的な管理が望まれていました。効率的なプロセス化を進めるため、熟練の職人の経験だけに頼らず、炉内の温度を正しく測定する必要がありました。しかし、当時は数千℃にも達する炉内を直接測れる温度計がありません。そこで、加熱された物質が「温度に応じて色を変える現象」を利用することが考え出されました。

この発光の正体を先に話してしまうと、物質に加えられた熱エネルギーによって、物質を構成する電子などが振動し、その振動に応じた波長の電磁波（光）が放射しているのです（波長（周波数）による電磁波の分類は付録の表を参照）。つまり、物体の温度と色（光）の間には、深い関係があるわけです。

この関係を体系化できれば、溶鉱炉から出る光を見るだけで、炉内の温度を知ることができると考えられました。しかし実際には、物質表面での光の反射など、さまざまな要因から温度と色の関係を単純化することはできず、このアイデアは行き詰まってしまいます。

18世紀半ばにグスタフ・ローベルト・キルヒホフ（1824–1887、ドイツ）は、この難題に対して一つのアイデアを出しました。もしすべての波長の光を吸収できる物質があったとすると、この物質は光の反射、散乱、透過の影響を受けないことになるので、この物質を加熱して発生した色は温度にだけ依存すると考えました。また、キルヒホフはこの架空の物質を「黒体」と名付けました（**図11**）。さらに、加熱によって発生する光（放射）を「黒体放射」といいました。つまり、熱した黒体から放射される光の波長分布は、温度にのみ依存する光になり、この光さえ測ることができれば、温度もわかると考えたのです。

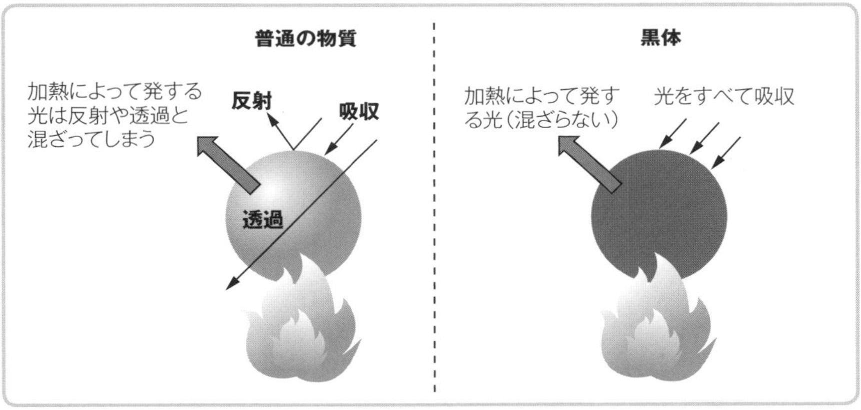

図11　（左）普通の物質に光が当たった場合は吸収、透過、反射をするので、加熱によって発生する電磁波と区別がつかない。（右）黒体に光が当たった場合はすべて吸収されるので加熱によって発生する電磁波と区別ができる。

しかし、どんなに探しても完全な黒体を見つけることができません。そこで、完全黒体の仮説を実証するために空洞放射という手法で実験を行いました（**図12**）。空洞放射とは、まず初めに物体の内部に空洞を作り、その空洞が見えるように、直径の非常に小さい穴を開けます。外からの光が、その穴を通して空洞に入ると、光が中で反射したとしても、いずれどこかの壁で吸収されるため、穴を通して外に出ることのできる確率はものすごく小さくなります。すなわち、照射した光がすべて吸収されることから、黒体と同じ状況を作り出せるわけです。一方でこの物質を加熱すると、空洞内壁から温度に応じた光が出てくるため、これを観察してやれば黒体放射と考えられます。

図 12　黒体放射を疑似的に観察するための空洞放射の実験の図。（左）空洞に入った光は吸収されて出てこられない。（右）加熱によって発する光は穴から飛び出してくる。

その後、黒体が放射する「光の量」は、光線の波長と温度の関係によって決まることがわかりました。そこで、光と温度を体系化すると**図 13** のようになります。この図では 6 000 K や 3 000 K（K（ケルビン）はセルシウス度に 273.15℃を加えた絶対温度）といった数値が加熱温度を表し、グラフの横軸は光の波長、縦軸は光の量（分光放射強度）を表しています。

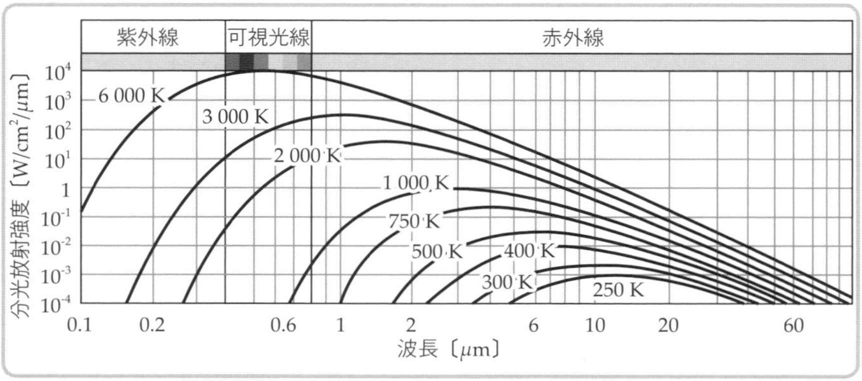

図 13　黒体放射のスペクトル。横軸に波長、縦軸に分光放射強度とした各温度に対する黒体放射を表している。

図 13 から、物質は温度が高くなるにつれて、多くの光を放射することがわかります。また、物質を 1 000 K で加熱すると赤い可視光を放射しますが、さらに温度を上昇させると、光の色は黄、青、白と変化し、さらには紫外線を放射するようになります。よって、放射される光の波長と放射量さえわかれば、黒体の温度を求めることができるわけです。例えば、フィラメントを使った白色ランプを点灯させると、フィラメントから白色の光が出ます。この白い光を図に照らし合わせると、フィラメントの温度は 2 000 K 以上であることが予想できます。

レイリー・ジーンズの公式、ヴィーンの公式、プランクの公式

図 13 の関係は便利ですが、なぜ色と温度の間に、このような関係があるのかについては謎のままだったため、多くの科学者が解明に挑みました。研究の分野では「現象」が見つかった後、長い時間をかけて「原理原則」が解明されることが多くあり、このときも同じだったようです。

「色と温度の関係」の原理原則を解明するためのきっかけを作ったのは、ジョン・ウィリアム・ストラット（1842–1919、イギリス）（レイリー卿）でした。レイリー卿は、1900 年までに発展していた古典統計力学を用いて、空洞の発光を数学的に説明できる公式を発表しました。後に、この公式をジェームズ・ジーンズ（1877–1946、イギリス）が修正したため、現在ではレイリー・ジーンズの公式

$$U(\nu)\mathrm{d}\nu = \frac{8\pi kT}{c^3}\nu^2\mathrm{d}\nu$$

としてよく知られています。この式の U はエネルギー密度、ν は周波数、T は熱力学温度、k はボルツマン定数、c は光速を表しています。式で書くと複雑のように見えますが、温度と色の関係をグラフに照らし合わせなくても求められるように考えられたものです。ところが、この公式は物質から出る低い周波数の光はよく説明できますが、高い周波数の光は実験と合わないという欠点をもっています（**図 14**）。

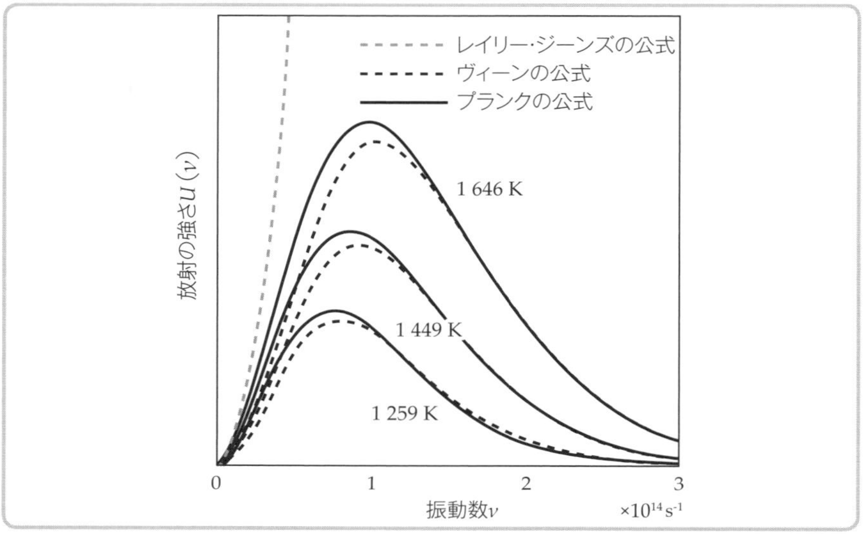

図 14 レイリー・ジーンズの公式、ヴィーンの公式、プランクの挿的公式を基にした黒体放射からの光の強度と振動数（周波数）の関係。レイリー・ジーンズの公式は高い振動数の光と合わず、ヴィーンの公式は低い周波数の光と合わない。プランクの挿的公式は全振動数とぴったり合う。

この欠点の解決を挑んだのがヴィルヘルム・ヴィーン（1864–1928、ドイツ）で、ヴィーンの公式

$$U(\nu)\mathrm{d}\nu = \frac{8\pi k\beta}{c^3} e^{-\frac{\beta\nu}{T}} \nu^3 \mathrm{d}\nu$$

として知られています。ここで、β は定数（$\nu/T \gg 10^{11}$ でよく実験結果と一致）を表しています。レイリー・ジーンズの公式に比べ、だいぶ実験値に近くなりましたが、加熱された空洞から出る低い周波数は測定値と合いませんでした（**図 14**）。ただ残念なことばかりではなく、マックスウェルの電磁気学を全く無視したこの理論は、高い周波数の光をとてもよく説明できることも事実でした。

その後、加熱された物質が放射する光の波長を支配する法則がマックス・プランクによって作られました。これは物質から出る低い周波数の光をよく説明できるレイリー・ジーンズの公式と、加熱された空洞からでる高い周波数の光をよく説明できるヴィーンの公式をつなぐプランクの内挿的公式

$$U(\nu)\mathrm{d}\nu = \frac{8\pi k\beta}{c^3}\frac{1}{e^{\frac{\beta\nu}{T}}-1}\nu^3\mathrm{d}\nu$$

（$h=k\beta$）でした。この公式でプランクは振動数とエネルギーを結びつける比例定数である「プランク定数 h」（$h \approx 6.62\times10^{-34}$ J·s）を導入しています。これによって、実験結果の定式化に成功しました（**図 14**）。

プランクのエネルギー量子仮説

ところで、なぜプランクはこの難題を定式化できたのでしょうか？　それはプランクの直感的推論によって導き出されたといわれています。今でも仕様書に合わせて物を作っても、うまくいかないことがあります。こういった場合、現場の判断と経験で、修正や補正を行うことでよくなることがありますが、プランクの行った偉業はこれと似ていて経験から導いたようです。ただ、科学者であるプランクは自身が推論したプランクの公式の意味を調べることも始めました。はじめに「黒体を構成しているのは膨大な数の電荷をもつ粒子である」と考え、粒子にはそれぞれ固有の振動数があり、自分と同じ振動数の電磁波を吸収し、そして放射をすると考えました。このような粒子を「振動子」とよびます。

さらに、もしプランクが考えた公式が成立する場合、「振動子が吸収・放射するエネルギーは、離散的な値しか取れない」と考えました。そこから「一つの振動子が受け取ったり、外に出したりするエネルギーには、それ以上細かく分割することのできない、最小単位があるのではないか」という仮説が立てられました。この結果、ついに「エネルギー量子」という画期的な考え方に到達したのです。

プランクの功績は、溶鉱炉のニーズを満足させたばかりではなく、量子という新しい考え方をもたらしました。プランクの考えでは、エネルギーも量子なので整数倍で与えられることになります。ですが、皆さんはエネルギーを離散的な変化として感じたことはあるでしょうか？　本当に「エネルギーは連続的に変化しない」のでしょうか？

私たちがエネルギーの変化を離散的に感じたことのない理由は「プランク定数 h の値が小さすぎて認識できない」ためです。すなわち、このエネルギー量子は非常に小さな量であるために、マクロ的な日常生活には現れず、原子や分子のようなミクロ的な世界で、初めて顔を出します。古典物理学の世界ではエネルギーはどこまでも小さくできると考えられてきました。この常識が全く無視された「量子仮説」は、人類の科学が一歩大きく前進した瞬間だといえます。

2-4 ✦ 電磁波は波動か粒子か

アインシュタインの光量子仮説

プランクにより「量子仮説」が発表された後、電磁波の新たな考え方にこの量子を取り入れたのは、アルベルト・アインシュタインです。その内容は「光に代表される電磁波は、それ自体が量子でできている」とする「光量子論」を発表しました。

アインシュタインがこの理論に行き着くきっかけになったのは、1803年にジョン・ドルトン（1766–1844、イギリス）が発表した原子説の影響が大きいといわれています。原子説では、あらゆる物質は原子でできています。その原子がエネルギーをもつことから、例えば「ある体積の気体のエネルギーは、その気体を構成している原子のエネルギーを足し合わせたものと同じである」ということになります。この理論に共感をもったアインシュタインは、この考え方にならって「電磁波も粒子の集まりで、その電磁波のエネルギーも、この粒子のエネルギーの積算である」と考えました。

マックスウェルとヘルツが確立した電磁波の考え方によると、電磁波は波と考えるべきです。しかし、アインシュタインはこれを真っ向から否定し、電磁波は「粒子のような最小単位」で表すことができると断言しました。「光量子論」を示した論文の中で、「電磁波が量子だと考えると、さまざまな現象を簡単に説明することができる」と説き、その証拠としてヘルツが行った「光電効果」の実験を説明に用います。

光電効果の実験とは、金属はくと金属板を金属棒でつなぎ（**図 15**(a)）、帯電体で金属棒を負に帯電させると、金属はくが開きますが（**図 15**(b)）、そこに光を当てるとはくが閉じます（**図 15**(c)）。これは箔（はく）検電器のもつ負電荷が減ったことを意味しており、上部の金属板から負電荷の電子が飛び出すためと予測されました。ここで用いている箔検電器とは静電誘導現象を用いて物体の帯電の正負やその程度を調べる検知器のことです。

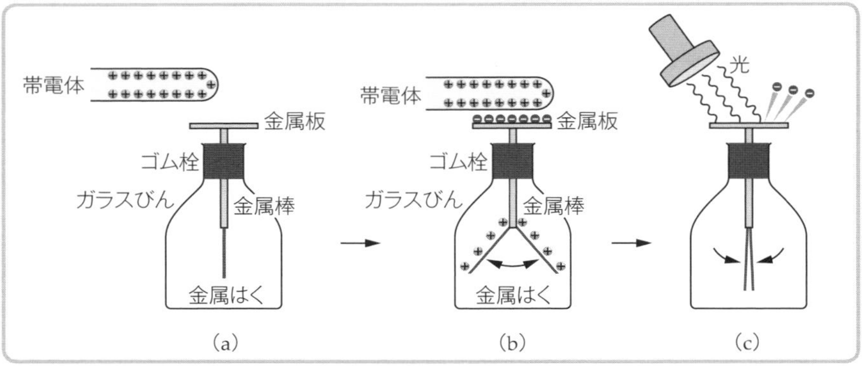

図 15 **光の粒子性を証明するための光電効果の実験のイメージ**

この光電効果と光の特性を研究したのは、フィリップ・レーナルト（1862–1947、ドイツ）です。レーナルトは光電効果と光について定量的研究を進めました。電子のエネルギーは、光の強さではなく波長に影響されることを実験で証明しました。それは光の強度が弱い（暗い）光でも「波長の短い光ほど高いエネルギーの電子が放出される」ことです。また、「放出される電子の数は光の強度に影響される」という結果も示しました（**図 16**）。

光が単なる波動であるとするなら、電子は波による運動からエネルギーを得るはずなので、弱い光ではエネルギーが小さくなります。しかし、光電効果の実際の現象は異なっていたため、これは 19 世紀の物理学では説明のできない難問とされていました。

アインシュタインはプランクの量子仮説を参考に、光の量子である「光量子」（フォトンまたは光子）の概念を導入し、この難問であった光電効果を説明しました。「光量子仮説」によると、光子は次の式で表されるようなエネルギー E をもっており、光の振動数 ν が高まればエネルギーも大きくなることになります。

$$E = h\nu$$

ここで、E は光のエネルギー、h はプランク定数（6.62×10^{-34} J･s）、ν は光の振動数です。

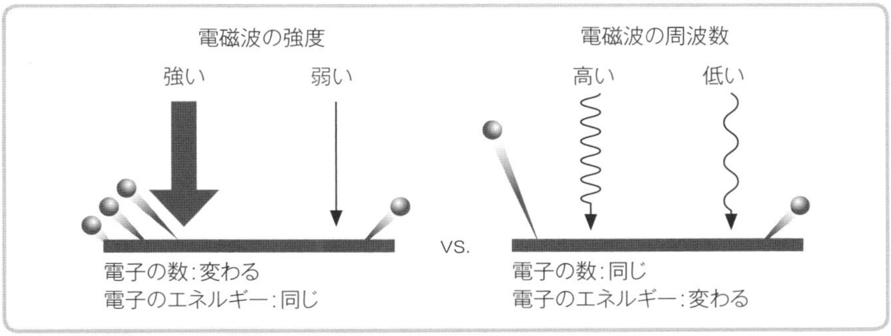

図 16　電磁波の波動性を否定する光電効果の実験。（左）照射する電磁波の強度を変えた光電効果の実験を行うと、飛び出す電子のエネルギーは同じで個数に違いが出る。（右）電磁波の周波数（波長）を変えると、飛び出す電子の個数は同じでエネルギーに違いが出る。照射する電磁波の周波数が高い（波長が短い）ほど、光量子のエネルギーが高く、その分大きなエネルギーを電子に与えることができる。

光の速度 c は（光の波長 λ）×（光の振動数 ν）で表すことができます。このとき、光速 c は波長や周波数には依存しないので固定され、これによって振動数が高い光の波長は短くなるわけです。これは、まさに光電効果の減少と一致しています。このように、この仮説は光電効果を十分に説明できたため、広く受け入れられるようになり、それに伴って光は粒子としての性質ももつことが認識されるようになりました。

ただし、光量子が電子にエネルギーを与える考え方は、光電効果を含むいくつかの現象でしか適応できないのも事実です。そこで、アインシュタインはすべての現象を説明するには、電磁波の正体は「単純な波動でも粒子でもなく、両方の性質をもつ何か」と考えます。

ロウソクの光と粒子性

実はこの当時、光を粒子ではないかと考えたのはアインシュタインだけではありません。朝永《ともなが》振一郎（1906–1979、日本）もまた「もし光が波なら 3 m 先のロウソクは見えないだろう」といっています。ロウソクから出た光は、四方八方に広がりますが、これが波だとすると球面波ということになります。ロウソクから 3 m 離れると同じ面積に当たるエネルギーは 9 分の 1 になります。

すなわち面積あたりの光のエネルギーは、距離の2乗に反比例して弱くなるのです。

目には光を感知する錐体という細胞がありますが、ロウソクから3 m 離れた位置に届く光程度では感知できません。朝永は、もしかしたら弱い光であっても、長い時間見続ければ、その光が錐体細胞に蓄積されて、視物質を反応させることができるかもしれないと考えました。しかし、この見えるための蓄積量の計算をしてみると約8時間（約3万秒）もかかることがわかり、やはり「光は波動ではない」と考えました。

それでは光とは一体何なのか？　と考えたとき、この現実との矛盾を解決するには光が粒子と考えれば解釈できます。光を粒子と考えても、ロウソクから3 m 離れると同じ面積に当たる光のエネルギーは9分の1になることは変わりません。波の場合、ロウソクからでる光のエネルギー量は一定なので、波が広がるにつれて、光のもつエネルギーの一部しか目には入りません。しかし、粒子一つひとつのエネルギーは変わることはなく、その間隔を広めながら空間を飛んでいくわけです。よって、ロウソクの光は目の前で見るときより3 m 離れることで、目に当たる粒子の数が少なくなるだけなのです。このように考えると、3 m 先のロウソクが見える理由が理解できます。

コンプトン効果

光の粒子性をさらに確実にした考えは、コンプトン効果です。アーサー・コンプトン（1892–1962、アメリカ）は、単色（波長が一定）のX線を黒鉛に当てると、その光の散乱角が大きい場合は、散乱されたX線の波長が長くなることを発見しました。これは、X線が「粒子」となって結晶中の電子という「粒子」に衝突して散乱されると考えたのです。

先ほどの光電効果と区別すると、光子（光の粒子）のエネルギーが小さく、それが電子の運動エネルギーとしてすべて吸収されてしまう場合を光電効果と考え、光子のエネルギーが大きく、それが電子と衝突した後でも光子として残って散乱するのがコンプトン効果と考えることができます。

ド・ブロイの方程式

結局のところ、電磁波の正体は粒子でもあり波動でもあると考えるのが自然です。ただし、電磁波は「単純な粒子」でもなく、「単純な波動」でもありません。粒子のような性質をもち、同時に波のような性質ももつ、「何か想像もつかない物体」なのです。身近なものにこれを例えられないので、イメージすることはできませんが、「何か」なのです。電磁波は量子の不思議な世界における「光の二重性」を指します。

アインシュタインやコンプトンによる光量子の仮説は、有力な証拠を得ましたが、決定的な理論の確立ができませんでした。すなわち、粒子と波動を繋ぐ関係が示せないのです。これを確立したのが、フランスの公爵であるルイ・ド・ブロイ（1892–1987、フランス）が博士論文で提案した「ド・ブロイの方程式」です。ド・ブロイの方程式は、物質の粒子性と波動性を繋ぐ重要な式で、光や電波もこの式でお互いのイメージへ変換することができ、これを光の量子化といいます。

ブロイは、粒子もまた波動のように振る舞えるのではないかと提案しました。ブロイの考えは、光子だけでは二重性を考えることができず、すべての物質が波動性をもつとするもので、電子の波長 λ と電子の質量 m、電子の速度 v は

$$\lambda = \frac{h}{mv}$$

の式で関係付けられています。つまり、「電子の波長は、電子の運動量 mv に反比例する」ことになります。

本章では、電磁波は量子論で考えることができ、波動性と粒子性の二重性をもつことを説明してきました。つまり、電磁波は 1-1 節で述べたように電磁「波」というぐらいなので、波動的なイメージで理解することもできますが、同時に、粒子的なイメージを用いても、理解することができます。

例えば光の屈折を考えた場合、粒子像と波動像のどちらのイメージを採用しても、スネルの法則を導くことができることがよく知られています。粒子像では運動量が現れた場所に、波動像では波長の逆数が現れ、粒子像ではエネルギ

ーが現れた場所に、波動像では振動数が現れます。このとき、重要な目安になるのが電磁波の周波数です。電波のように周波数が低い電磁波は波動をイメージすると理解しやすく、光のように周波数が高い電磁波は粒子的なイメージをもつと理解しやすくなります。

✦ Column　天才を見抜いた天才

ルイ・ド・ブロイがソルボンヌ大学に提出した「ド・ブロイの方程式」を含む博士論文は、その審査にあたった教授陣が内容を完全に理解できなかったといわれています。このため、教授の一人がアインシュタインにセカンドオピニオンを求めました。そこで返ってきたアインシュタインの返答は、「この青年は博士号よりノーベル賞を受けるに値する」というコメントでした。アインシュタインの返答は、5年後に現実のものとなります。ブロイが偉大な研究者であることは誰もが認めますが、この天才をすぐに見抜いたアインシュタインもすごいことがわかります。

参考文献

『科学雑誌 Newton 別冊　量子論のすべて　新訂版　量子論の基本から量子コンピューターまで』、株式会社ニュートンプレス（2019）

竹内　薫：『「ファインマン物理学」を読む　普及版　量子力学と相対性理論を中心として』、講談社（2019）

秋本祐希：『キャラクターでよくわかる 宇宙の歴史と宇宙観測』、技術評論社（2019）

3章

電磁波はエネルギー？

TESLA'S TOWER

Amazing Scheme of the Great Inventor to Draw Millions of Volts of Electricity Through the Air From Niagara Falls and Then Feed It Out to Cities, Factories and Private Houses from the Tops of the Towers WITHOUT WIRES.

ニコラ・テスラが考案した高周波を用いた無線による電力の送電システムと情報の伝達システム「ウォーデンクリフタワー」を伝える新聞記事（ニューヨークアメリカン、1904年5月22日）。電磁波でエネルギーを送るための初めての試みです。

［図の出典：Wikimedia］

3-1 ✦ エネルギー

エネルギーとは？

エネルギーと聞いて、その言葉自体を知らない人はいないと思います。ただ、「その意味を説明してください」と聞かれても、その意味を気にする人は少ないと思います。それでは、まず電磁波とエネルギーの関係を話す前に、エネルギーそのものについて説明することから始めます。

エネルギーという言葉は19世紀のはじめにトマス・ヤング（1773–1829、イギリス）が著書『自然哲学及び機械技術に関する講義』（*Course of Lectures on Natural Philosophy and the Mechanical Arts,* 1807）の中で、「力」を意味するラテン語の代わりに、「仕事」を意味するラテン語を使用したのが始めといわれています。

現代のエネルギーの種類は「仕事をする能力」のことを指しています。エネルギーには「位置エネルギー」「運動エネルギー」「熱エネルギー」「電気エネルギー」「化学エネルギー」「光エネルギー」「核エネルギー」（**表 1**）などがあり、これらのエネルギーは相互的に変換することができるため、目的に合わせて利用できます。また、相対性理論から、「質量」もエネルギーの一形態であることが示されました。「質量エネルギー」は膨大で、わずか 1 g で 9×10^{13} J が放出されます。ただし、質量が失われるのは核分裂反応や核融合反応時に限られるので、一般的なエネルギーとは異なります。

表 1 エネルギーの種類と概要

エネルギーの種類	概要
位置エネルギー	物体がある位置にあることで、物体に蓄えられるエネルギー
運動エネルギー	物体の運動に伴うエネルギー
力学的エネルギー	位置エネルギーと運動エネルギーの和
熱エネルギー	物質を構成する原子や分子の熱運動によるエネルギー
電気エネルギー	電荷の移動や相互作用によって、発生するさまざまな物理現象の総称
化学エネルギー	化学結合によって物質内に蓄えられるエネルギー
光エネルギー	電磁波の一種である光がもつエネルギー
核エネルギー	原子核の変換や核反応に伴って放出されるエネルギー

エネルギー小史

大昔の生物は自然界の光や熱エネルギーに頼って生き長らえてきました。いつしか人類は火を扱うことを知り、熱エネルギーを自在に扱えるようになりました。さらには、位置エネルギーや運動エネルギーを効率よく使えるようになり、自然界にあるエネルギーを直接的に取り入れて生活に活用してきました。エネルギーと人類との関わりの中で、今から300年前に大きな転換期があります。産業革命とよばれる時代、エネルギーを大量に使いやすい形で人工的に作り出すことのできる機械が発明され、仕事の能力が著しく向上しました。この発明のころから科学者はエネルギーについての探求を始めました。

1676年、ゴットフリート・ライプニッツ（1646–1716、ドイツ）は、運動している球に静止している球がぶつかると、運動し始める当たり前の現象に「動いている球から静止している球に何が伝達したのか？」という疑問をもちました（**図 1**）。彼はこの現象を「活力」（運動エネルギー）とよび、大量の活力を使用できれば人類は莫大な力を使用することができると考え、熱からこの活力を取り出すことができると予想しました。

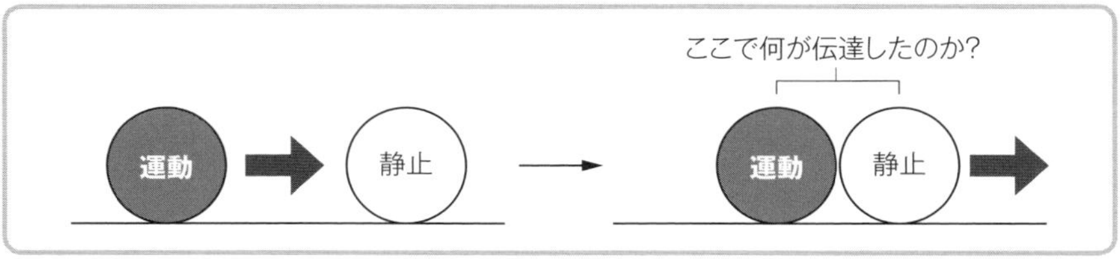

図1 運動している球が静止している球にぶつかると、静止している球が動き出す。

この予想は後の科学者の興味を駆り立て、1773年にジェームス・ワット（1736–1819、イギリス）によって画期的な蒸気機関が発明されました。この発明は社会へ広く普及し、産業革命の原動力となりました。当時は馬が動力源として利用されてきましたが、蒸気を介して熱エネルギーを運動エネルギーに変換することができるようになったため、大量のエネルギーを安定的に確保できるようになったわけです。

その後、ニコラ・レオナール・サディ・カルノー（1796–1832、フランス）によって蒸気機関の熱効率の理論をまとめた書籍『火の動力およびこの動力を発生させるのに適した機関についての考察』（*Réflexions sur la puissance motrice du feu et sur les machines propres à développer cette puissance,* 1824）が1824年に発表されました。カルノーはその中で熱から動力を生み出すには温度差が重要であることを論じ、その温度差が大きいほど効率が大きくなることを予想しました（**図2**）。より高い位置から流れた水のほうが水車を速く回すことができるように、温度も同じ現象が起こると考えたわけです。これによって、エネルギーを効率よく獲得する技術が確立し、「熱力学」の発展に大きく貢献しました。さらに、有効エネルギーは高温から低温に流れることで消費されてしまうことも予測されました。

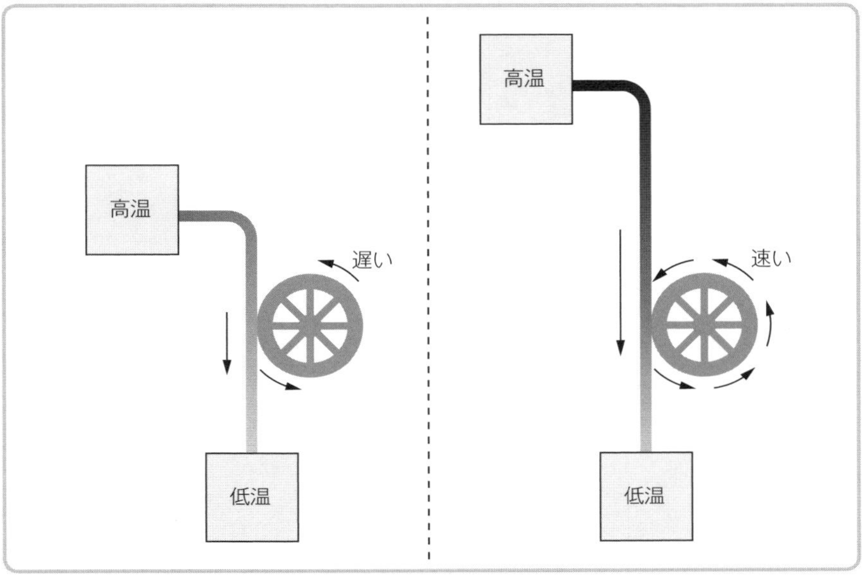

図２　高温から低温へ熱が移動すると運動が生まれるが、その温度差が大きいほど運動も大きくなる。高温と低温の差が（左）小さいイメージと（右）大きいイメージ

19 世紀中ごろまでには、エネルギーを別の種類のエネルギーに変換するために必要なエネルギー量も試算されました。例えば、水（30 mL）の温度を 1 ℃上昇させるには、12.5 g の重りを 1 m 持ち上げるエネルギー量に匹敵するなど、さまざまなエネルギー変換が体系化されました。熱や運動は異なったものと考えられてきましたが、どちらもエネルギーの形態であることが広く科学界に浸透し、このような考えが後の「熱力学第一法則」につながりました。

熱力学第一法則はエネルギーの生成や消失などは存在せず、単にエネルギー変換が行われることを示しています。しかし、熱力学第一法則に対して多くの疑問も指摘されています。例えば、エネルギーが変換されるときに何が起こっているのか？　なぜ変換されるのか？　この疑問に答えたのは、ルドルフ・クラウジウス（1822–1888、ドイツ）で、エネルギーは常に一定方向にのみ進むことを予測しました。

例えば、お湯は時間の経過とともに冷めていき室温の水になりますが、決してお湯に戻ることはありません。これは、凝縮しているエネルギーは絶えず拡散し、再凝集させるには新たなエネルギーが必要であることを示しています。この考え方は、後に「熱力学第二法則」に発展しました。また、熱の拡散の状況を表すために、クラウジウスは「エントロピー」（拡散量を表す概念）を提唱し、すべての熱をもった物はエントロピーが増加していると表現しました（**図3**）。

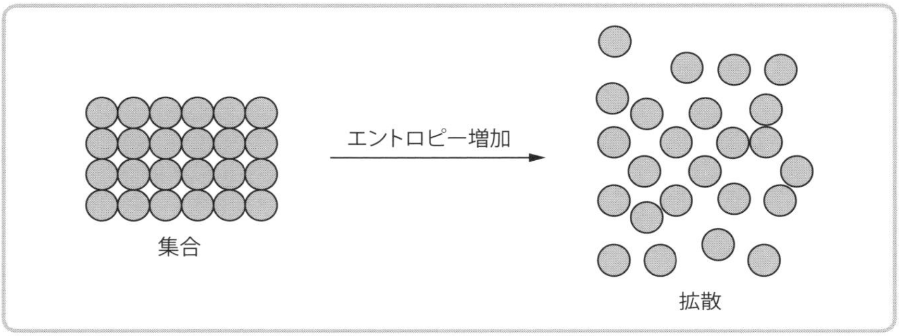

図3　エントロピー増加のイメージ図

すなわち、秩序だった物は必ず無秩序になることが自然の摂理であり、エントロピーとはこの無秩序の度合いを表す尺度であることが定義されました。このような考え方は、当時の科学者によって否定されましたが、後にルートヴィッヒ・ボルツマン（1844–1906、オーストリア）によって、原子の存在予測から理論的に説明されました。これは、熱を原子の振動と考え、熱の拡散は原子の振動が周りの原子に拡散しているためと解釈するものです（**図4**）。

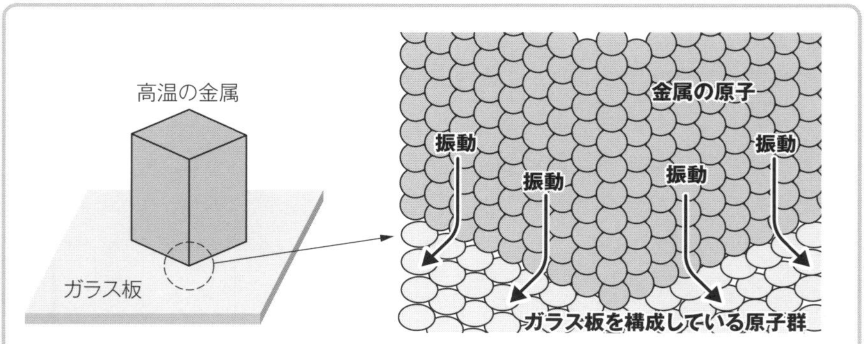

図4　高温の金属からガラス板に熱が伝わる様子（金属原子の振動が机を構成している原子に伝わる様子）

エネルギーの効率

筆者は「新しくエネルギーを作り出す方法」を紹介しているテレビ番組を見たことがあります。理屈っぽく考えるとこの表現は間違いで、熱力学第一法則からすると、エネルギーは保存されるため、新しくエネルギーを作り出すことはできません。エネルギーの考え方を取り入れて正確に表現すると、「○○エネルギーから△△エネルギーに変換する新しい方法」と表現しなければなりません。

私たちは日常生活の中で、さまざまな種類のエネルギーを使っています。これらのエネルギーが最終的に変換される形態は「熱エネルギー」です。例えば、電気エネルギーを使って湯を沸かすと、最終的には熱エネルギーになって大気に放出されます。エネルギーの消費を考えるとき、エネルギーを利用するとエネルギーがどこかに失われてなくなってしまう気がします。ですが実際には、エネルギーの量は「熱力学第一法則」によって保存されているため、形態は変わっても量が減少することはなく、今のところエネルギー保存則の例外は見つかっていないからです（エネルギー保存則は3-3節でより詳しく解説します）。

エネルギー保存則があるからといって、私たちに都合よくエネルギーを変換することはできません。例えば、エネルギーAが四つあり、これをエネルギーBに変換する場合、4A＝4Bになればよいのですが、4A＝3B＋1Cといったように本来必要のないCもできてしまい、無駄なエネルギーが生じます。利用しようとするエネルギーが、どの程度、目標とする仕事に変換できるかの指標として「エクセルギー（exergy）」という考え方があります。エクセルギーとはラテン語由来の接頭辞であるex（外へ）とギリシア語のergon（仕事）の合成語であり、「有効に利用できるエネルギー」を指します。

例えば、20 Lの水と5 Lの水があります。室温が20℃で、水温も20℃です。この20 Lの水を40℃まで加熱する場合は、水の比熱、密度、体積、温度差の積から、1674 kJが必要になります。次に5 Lの水を100℃まで加熱することを考えると、1674 kJが必要です。エネルギーを中心に考えると、同じ値を示しますが、それでは実際にこの熱を利用することを考えましょう。同じエネルギーを使用して作ったお湯ですが、この熱を利用する場合は5 Lのお湯は20 Lのお湯に比べ、3.5 倍高い熱エクセルギーを得ることができています。両者が保有する熱エネルギーは同じでも、熱エクセルギーには差が生じるのです（**図 5**）。

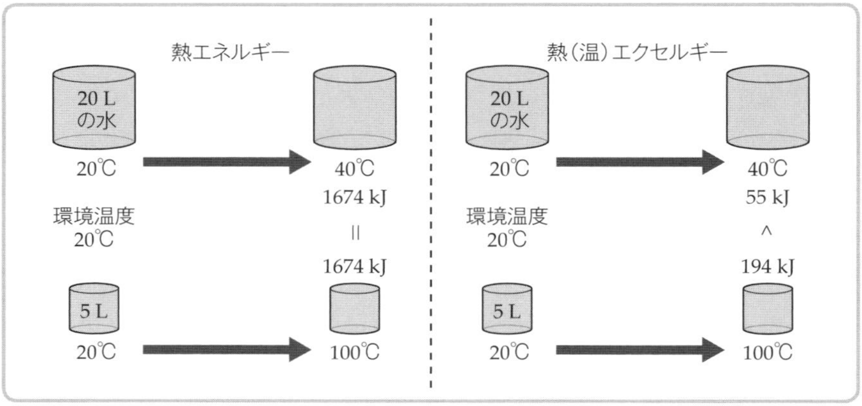

図 5 （左）20 L の水を 20℃から 40℃に加熱した場合と、5 L の水を 20℃から 100℃に加熱した場合の熱エネルギーは同じ。（右）20 L の水を 20℃から 40℃に加熱した場合と、5 L の水を 20℃から 100℃に加熱した場合のエクセルギーを計算すると、5 L の方が 3.5 倍の高い熱エクセルギーを得ることができる。

エネルギーの種類に対するエクセルギー効率の概略を**表 2** に示します。先に注意をしますが、この値は条件によって変化するので、表の値はエネルギーの質の傾向だと理解してください。エネルギーの形態の中で、電気エネルギーや化学エネルギーのエクセルギー率は 100%に近く、光エネルギーのエクセルギー効率もこれに次いで非常に高くなります。一方、熱エネルギーは 600℃の場合に 60%、90℃の場合に 20〜30%、室温の場合は 0〜20%になり、最も質の低いエネルギーだということがわかります。

表2 エネルギーの形態とエクセルギー効率。電磁波エネルギーのエクセルギーは熱エネルギーに比べて効率が高いことがわかる。

エネルギーの形態	エクセルギー効率〔%〕
電気エネルギー	100
化学エネルギー	100
核エネルギー	95
電磁波エネルギー	93
熱エネルギー 600℃	60
熱エネルギー 90℃	20～30
熱エネルギー 室温	0～20

電子レンジはマイクロ波を使った加熱家電で、マイクロ波エネルギーによって食品を構成している分子やイオンを振動させて熱に変換する装置です。同じ食品加熱装置としてトースターがありますが、マイクロ波の方が断然早く食品を加熱することができます。マイクロ波加熱は食品を直接加熱しますが、トースターは熱源から出た赤外線の一部が輻射熱として食品を温めるためで、それほど効率は良くありません。さらに、電磁波のエクセルギーが高いため、食品加熱に「有効に利用できるエネルギー」が多いことが原因です。

次の節では、「電磁波エネルギーとは何か」について、引き続き解説を進めます。

✦ Column 21世紀型のエネルギー

光エネルギーという言葉を聞くと、「ソーラー発電」などを思い浮かべる人が多いと思いますが、「電波のエネルギー」という言葉を聞くと、何だろう？と思う人も多いことでしょう。例えば電波であるマイクロ波を用いた事例として電子レンジがありますが、最近では化学反応にマイクロ波を熱源として用いる「マイクロ波化学」の研究が盛んに行われています。電波をエネルギー源として利用することは効率的なエネルギー利用に合致しており、21世紀型のエネルギーとして、マイクロ波化学もますます利用が広がると考えられています。

3-2 ✦ 電磁波エネルギー

電磁波のエネルギー

電磁波である光や電波は、

（1）質量をもたない
（2）互いには衝突することがない
（3）エクセルギーが高い
（4）空間を光速で自由に伝播して良質なエネルギーと情報を運ぶ

などの共通性をもっており、マックスウェル方程式で表すことができます。また、電磁波のエネルギーは2-4節で説明した通り、次の式で求めることができます。

$$E = h\nu = \frac{hc}{\lambda}$$

ここで、Eは電磁波のエネルギー〔J〕、hはプランク定数で$6.626\,07 \times 10^{-34}$ J·s、ν（ニュー）は周波数〔Hz〕、cは真空中の光速で$2.997\,924\,58 \times 10^{8}$ m/s、λは波長〔m〕です。

電磁波のエネルギーは電子ボルト（エレクトロンボルト、記号：eV）で扱われ、1 eVは1Vで加速された電子一つのエネルギーです。この式を用いて電磁波のエネルギーを求めるために、式を変形します。

まず、$1\ \mathrm{eV} = 1.60218 \times 10^{-19}$ J なので、$h = 4.13566 \times 10^{-15}$ eV·s となり、$E = (4.13566 \times 10^{-15}\ \mathrm{eV \cdot s}) \times (2.99792458 \times 10^{8}\ \mathrm{m/s}) / \lambda$、$E = 1.23984 \times 10^{-6}\ \mathrm{eV \cdot m} / \lambda$となります。光の波長を考えると、その単位はnm（ナノメートル、10^{-9} m）なので、$E = 1240\ \mathrm{eV \cdot nm} / \lambda$と表すことができます。

この式を用いて、各電磁波のエネルギーを**図6**にまとめました。波長が短くなるほどエネルギーは高くなり、逆に電波の領域はエネルギーとしては非常に低くなることがわかります。

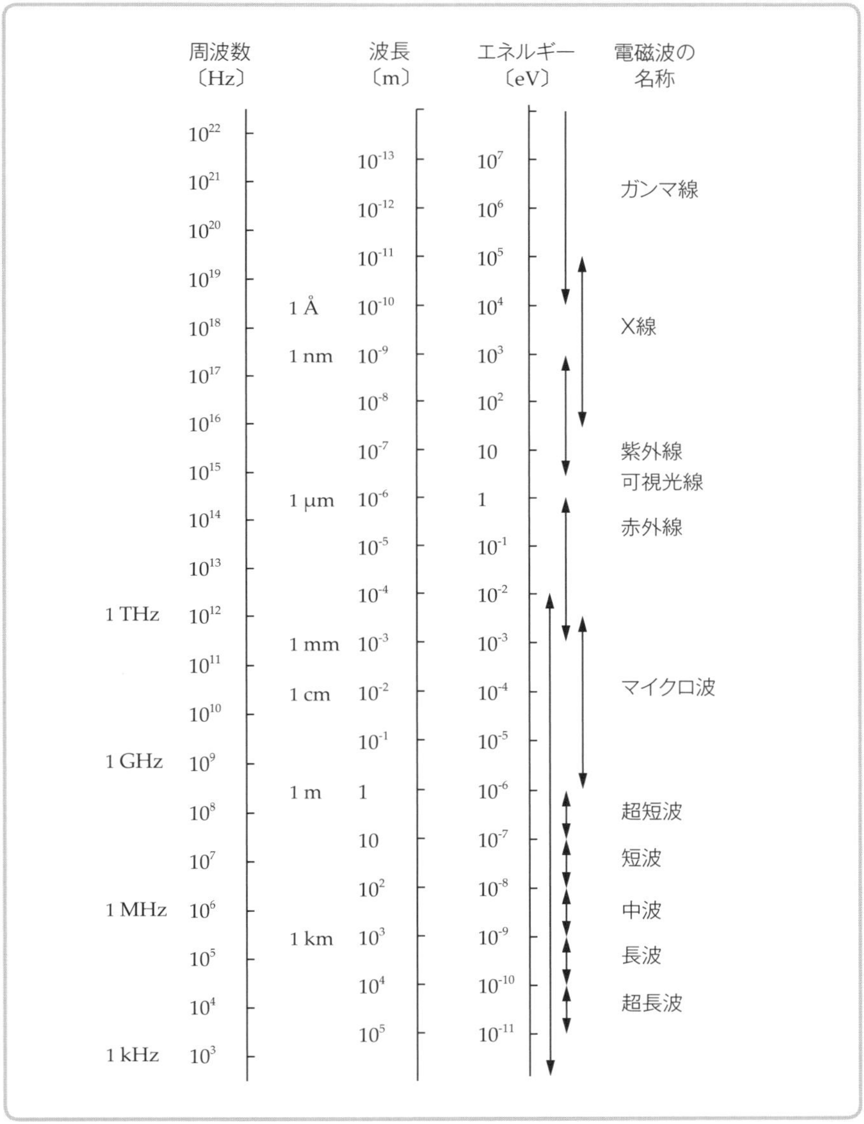

図６ **電磁波の周波数、波長、エネルギー、名称の比較**

電磁波が物質に当たると？

次に、電磁波のエネルギーと物質の挙動について説明をしていきます。例えば、電磁波が金属に当たると反射を起こすことを 1-6 節で説明しましたが、これはすべての周波数（波長）の電磁波に共通する性質です。一方で絶縁物に電磁波が当たると、周波数（波長）によってさまざまな現象が起こります（**図7**）。通常の原子は正に帯電している原子核と負に帯電している電子の電気的バランスから中性になっていますが、ここに電磁波の電界が加わると、原子核の位置に対して電子が本来の位置から若干偏ります（電子分極といいます）。このような現象は波長の短い光（紫外線）で発生します。

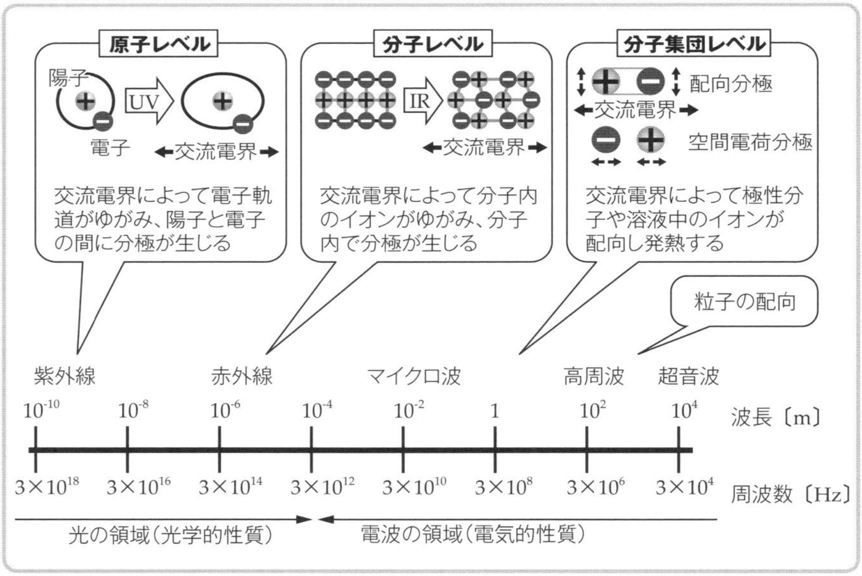

図7 電磁波が誘電体に与える分極現象

一方で少し大きなサイズのイオンに対しては、電界の作用によって電荷の偏りが生じます。例えば、純粋な塩は Na^+ と Cl^- が規則的に結晶として並び、塩化ナトリウムとして存在しています。ここへ電界が加わると、その構成している Na^+ は若干のマイナス、Cl^- は若干のプラスへ電気的に偏ります（イオン分極または原子分極といいます）。このような物質への作用は赤外線で起きます。

特に、イオン結合の強い物質で起こりやすく、イオン間距離、イオンの種類などによってもその作用は変化します。また、有機分子に対しても分子内の結合が振動、伸縮、変角などを起こし、結合距離を変化させます。

さらに波長の長いマイクロ波や高周波では、より大きなサイズの物質またはその集団に作用します。特に、極性物質（分極をもっている分子）や、そのクラスターへ影響を与えます。例えば、極性をもつ水はマイクロ波で加熱をすることができますが、極性をもたない油はマイクロ波で加熱することができません。お弁当を電子レンジで温めたとき、食材は温まっているのにプラスチック容器は全く温まっていないのは、これが理由です。

✦ Column　再生可能エネルギー

最近、ニュースや新聞で頻繁に「再生可能エネルギー」という言葉をよく聞くようになりました。再生可能エネルギー（renewable energy）とは、有限な資源である化石エネルギー（石油、石炭、天然ガス）ではなく、太陽光、風力、地熱といった自然界に常に存在するエネルギーです。そのため、再生可能エネルギーの特徴は「枯渇しない」「どこにでも存在する」「CO_2を増加させない」などの特徴をもつことから、地球環境を持続させるために世界中で、化石エネルギーから再生可能エネルギーに切り替えが進められています。

ところで、再生可能エネルギーとは何を再生するのでしょうか？　「再生」という言葉が誤解を招くかもしれません。私たちは再生可能エネルギーから電気エネルギーに変換して利用するため、電気を使った後、もう一度再生することはなく、最後は熱エネルギーになってしまいます。

よく見ると、再生可能エネルギーの特徴には「再生」が入っていません。このように考えると、renewableという単語を「再生」ではなく、「継続できる」に訳し、継続できるエネルギー（永続的利用可能エネルギー）とした方がしっくりくる気がします。

3-3 ✦ 電磁波のエネルギー保存則

エネルギー保存則とは

3-1 節で出てきた「エネルギー保存則」は、誰もが一度は耳にしたことがある言葉だと思います。それではエネルギー保存則とは、どのようなものでしょうか？

19 世紀の中ごろ、ユリウス・ロベルト・フォン・マイヤー（1814–1878、ドイツ)、ジェームズ・プレスコット・ジュール（1818–1889、イギリス)、ヘルマン・フォン・ヘルムホルツ（1821–1894、ドイツ）らは「力学的、熱、化学、電気、光などのエネルギーは、それぞれの形態に移り変わるが、エネルギーの総和は変化しない（保存される)」と考えました。この考えはエネルギーを学問に押し上げるためのターニングポイントになったといわれる重要な法則です。

それ以前は、物質の運動エネルギーおよびポテンシャルエネルギーの和（力学的エネルギー）は保存されるという、ニュートンの法則が主流でした。このため、熱現象、化学現象、電気現象と、エネルギーは結び付けることができませんでした。その後、これらの現象がエネルギーとよばれる不変量の変換であると考えられるようになり、エネルギー保存則はさまざまな分野で応用される基本概念となりました。ちなみに、熱現象とエネルギー保存則の連結は、ジュールによる提唱で、現在では熱力学第一法則として知られています。一方で化学現象との連結はロシアの化学者であるジェルマン・アンリ・ヘス（1802–1850、ロシア）の寄与が大きく、この法則は高校の化学で習う「ヘスの法則」として知られています。

次に、電磁波のエネルギー保存則の前段として、位置エネルギーと運動エネルギーの間のエネルギー保存則を説明します。例えば、重力が存在する空間内で質量 m をもつ物体を高さ h まで持ち上げたときに物体がもつエネルギーを位置エネルギーといいます（**図 8**)。また、運動エネルギーとは、先ほどの物体を手放して落下させて、高さ h だけ進んだときに物体が得た速度 v に由来するエネルギーのことです。

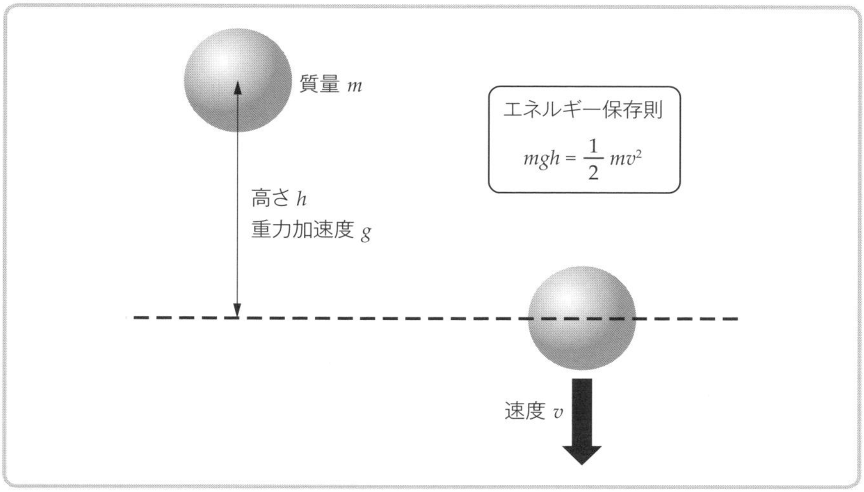

図８　位置エネルギーと運動エネルギーの間のエネルギー保存則。この関係は中学校や高校の物理の教科書でよく出てくる。では、電磁波のエネルギー保存則とは？

今、物体への空気抵抗などが一切ない理想的な環境で考えると、**図８**におけるエネルギー保存則とは、位置エネルギーと運動エネルギーが等しいことを意味します。ここで、重力加速度を g とすると、位置エネルギーは mgh で、運動エネルギーは $mv^2/2$ で表すことができるので、$mgh = mv^2/2$ という数式がエネルギー保存則を表す式となります。それでは伝播する電磁波が保有するエネルギー、すなわち電磁波のエネルギー保存則の説明に移ります。

エネルギーの単位

電磁波のエネルギー保存則の説明に進みたいところですが、少しだけ我慢して先にエネルギーの単位について説明します。

前述したようにエネルギーの単位にはＪもしくはeVが使われます。1 eV＝1.602 176 634×10^{-19} Ｊと定義されており、電子ボルトとジュールは相互換算ができます。この1.602 176 634×10^{-19} という数字は電子１個あたりの電荷である電気素量1.602 176 634×10^{-19} Ｃ（2-1節参照）と同じであり、物理量を表す国際単位系の定義値の一つとして使われています。

つまり、1 eV＝1.602176634×10^{-19} Ｊという式は近似式ではなく正確に一致しています。国際単位系の七つの基本単位を用いた場合、ジュールという単位は $1\,\mathrm{J}=1\,\mathrm{kg \cdot m^2/s^2}$ と表記できます。例えば、**図8**に示したように質量 m をもつ物体が速度 v で運動している際の運動エネルギーは $mv^2/2$ となります。質量の単位は kg であり、速度の単位は m/s なので、運動エネルギーの単位は $\mathrm{kg \cdot m^2/s^2}$、つまり J に一致することがわかります。ここでは一般的に使用頻度が高い J を用いて議論します。

エネルギーの単位が理解できたので、次は電磁波が保有するエネルギーについて考えてみましょう……、といいたいところですが、電磁波には、なんと「質量がない」のです。よって、光の速さで真空中を伝播する電磁波に対しては、速度はもっていても質量がないので、先ほどの運動エネルギーで示した $\mathrm{kg \cdot m^2/s^2}$ の kg が存在せず、運動エネルギーのように質量を有するエネルギーからは電磁波のエネルギーを類推することができません。

これでは困ってしまいますが、ちゃんと抜け道があります。エネルギーの単位を表す方法はただ一つではなく、ここでは別の方法を用いればよいのです。電気工学の分野で、エネルギーの単位換算には 1 J=1V·C、あるいは 1 J=1 W·s という関係が用いられています。ここで V は電圧の単位であり、W は電力の単位です。また、V と W の間には電流の単位 A を用いると 1 W=1V·A の関係があります。さらに、先ほども出てきた電荷の単位である C を用いると、1 C=1 A·s と表記できます。

つまり、エネルギーには

$$1\,\mathrm{J}=1\,\mathrm{V \cdot C}=1\,\mathrm{W \cdot s}=1\,\mathrm{V \cdot A \cdot s}$$

という関係があり、これらの関係性を利用すればさまざまな形式でエネルギーを表現することができます。なお、国際単位系の七つの基本単位を用いてボルトの単位を表すと $1\,\mathrm{V}=1\,\mathrm{kg \cdot m^2/(A \cdot s^3)}$ となるので、結局のところ $1\,\mathrm{J}=1\,\mathrm{V \cdot A \cdot s}=1\,\mathrm{kg \cdot m^2/s^2}$ となり、運動エネルギーと同じ単位になることも確認できます。

要するに、ジュールというエネルギー単位を表すために、そのときどきで都合のよい物理量を用いて表せばよいということです。以上より、電磁波のエネルギーを表す場合にも都合のよい物理量を用いて表すことにしましょう（物理量を表す単位が多すぎることが、物理に取っ付きづらい原因の一つかも知れませんが……)。

ポインティングさんが考えたベクトル

さて、ここからは電磁波が無損失等方性媒質(材料定数が一様で、かつエネルギー損失が発生しない媒質。1-5 節参照)を伝播する場合を考えます。このとき、電磁波のエネルギーを表現する上で避けて通れないのが、ジョン・ヘンリー・ポインティング(1852–1914、イギリス)が提案した「ポインティング・ベクトル」とよばれるものです。ベクトルについては、本書の中でも何度か登場していますが、ここでも「大きさと向きをもつ量」として考えましょう。「ポインティング・ベクトル」のポインティングは、ものを指し示す point の進行形 pointing ではなく、このベクトルを考案したポインティングに由来しており、ポインティングの綴りは Poynting です。

よって、ポインティング・ベクトルとは「ポインティングさんが考えた大きさと向きをもつ量」となります。では、ポインティング・ベクトルが具体的に何を表すベクトルなのかというと、電磁波のエネルギーの流れを表すために考案されたベクトルです。

ポインティング・ベクトルを $\boldsymbol{S}$ とし、電界ベクトルを $\boldsymbol{E}$、磁界ベクトルを $\boldsymbol{H}$ とします。ここでは、電界も磁界も大きさだけではなく向きを考慮してベクトルとして考えています。このとき、ポインティング・ベクトルは

$$\boldsymbol{S} = \boldsymbol{E} \times \boldsymbol{H}$$

と定義されます。記号×は単純な掛け算ではなく「ベクトルの外積」を表していて、ベクトルの外積はベクトルで表されます。

ここで、ベクトルの外積について少し説明します。外積によって作られるベクトルの向きは、二つのベクトルが作る平面と直交し、かつ一つ目のベクトルから二つ目のベクトルに右ねじを回した向き(ただし一つ目のベクトルと二つ目のベクトルの成す角度が 180° 以内)となります。言葉で説明するとわかりづらいですが、**図 9** のように右手を使って考えるとイメージしやすくなります。

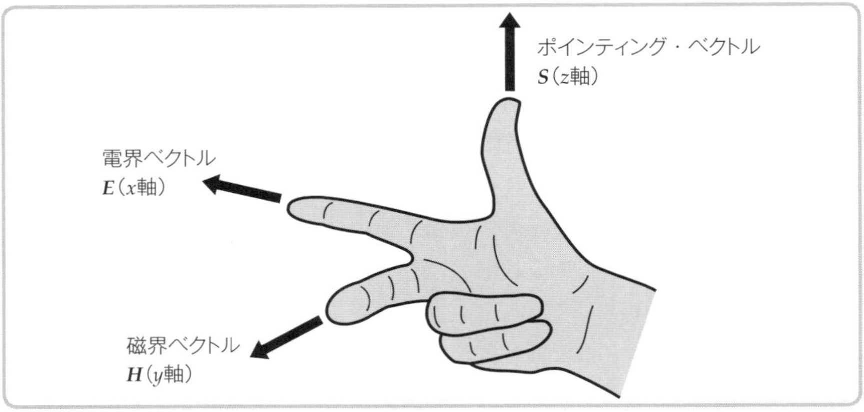

図９ ポインティング・ベクトルと電界ベクトル、磁界ベクトルの関係

いま、一つ目のベクトルを電界ベクトル $\boldsymbol{E}$、二つ目のベクトル $\boldsymbol{H}$ を磁界ベクトルとし、$\boldsymbol{E}$ と $\boldsymbol{H}$ の向きを**図９**のようにそれぞれ人差し指と中指に対して割り当てます。このとき、人差し指と中指の両方に対して垂直な方向に親指を向けると、その親指の方向がポインティング・ベクトル $\boldsymbol{S}$ の向きとなります。また、ベクトルの外積の大きさは、元の二つのベクトルの大きさの積と二つのベクトルの成す角度で決まります。

すなわち、ポインティング・ベクトル $\boldsymbol{S}$、電界ベクトル $\boldsymbol{E}$ および磁界ベクトル $\boldsymbol{H}$ の大きさをそれぞれ $|\boldsymbol{S}|$、$|\boldsymbol{E}|$ および $|\boldsymbol{H}|$ とし $\boldsymbol{E}$ と $\boldsymbol{H}$ の成す角度を α とすると、$|\boldsymbol{S}|=|\boldsymbol{E}||\boldsymbol{H}|\sin\alpha$ の関係になります。$\boldsymbol{E}$ と $\boldsymbol{H}$ が直交している場合は $\alpha=90^\circ$ となるため、$|\boldsymbol{S}|=|\boldsymbol{E}||\boldsymbol{H}|$ となります。

実は、**図９**に示した右手の関係は 5-1 節において平面波の説明にもう一度出てきます。平面波の説明では、電界ベクトルが人差し指、磁界ベクトルが中指と同じなのですが、親指は電波の進む方向になります。つまり**ポインティング・ベクトルの向きは平面波が進む方向と一致することになります。**これは、電磁波のエネルギーが流れる方向とポインティング・ベクトルの方向が一致することを意味しているのです。

電磁波のエネルギー保存則

それでは、ポインティング・ベクトルがわかったところで電磁波のエネルギー保存則について考えてみましょう。何の障害もない無損失等方性媒質（**図8**のように）を伝播する電磁波は、常に進み続けており、止まることはありません。よって、質量に対する位置エネルギーのような静止状態を考えることはできないので、**図10**のように媒質中のある体積 v をもった直方体空間内に出入りする電磁波を考えることにします。

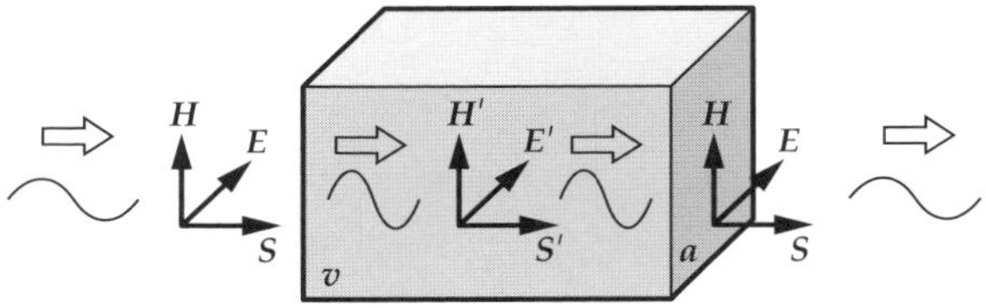

図10　電磁波（平面波）がある体積 v の直方体空間を出入りする様子。電磁波が出入りする面（左側面と右側面）の表面積を a とする。

ここで考える電磁波は平面波（**図10**のようにポインティング・ベクトルと電界ベクトルと磁界ベクトルがお互い常に直交関係にあり、かつ各ベクトルの大きさが時空間において常に一定となる電磁波）であり、電磁波は表面積 a をもった左側の面からのみ入って同じ表面積 a をもった右側の面からのみ出ていくと仮定します。ただし、媒質中の電界ベクトル、磁界ベクトル、ポインティング・ベクトルは媒質外のそれらとは異なるものとし、媒質中のベクトルにはダッシュ（プライム）記号を付けて区別しています。

また、媒質の材料定数（誘電率や透磁率）は媒質外のそれらと異なるため、電磁波が出入りする境界面で本来は反射が起こりますが、ここでは反射を差し引いた分の電磁波が出入りすると考えます。つまり、媒質の中から外へ電磁波が出ていくときには一部の反射電磁波は媒質内に残ることになり、そのまま他方の境界面まで進んでから一部の電磁波は媒質の外に出ていき、残りは再び反射して媒質内に残り……、という状況を考えることにします。

では、いよいよ電磁波のエネルギー保存則です。これを言葉で説明するなら「体積 v の直方体空間内に入った電磁波のエネルギーから直方体空間外に出ていった電磁波のエネルギーを差し引いたものは、その直方体空間内に蓄えられたエネルギーに等しい」となります。言葉で書くと至極当然のように感じるかもしれません。

要は「出入りした電磁波の差し引きのエネルギーは、その空間内に残っているんでしょ」ということであり、「じゃあ、何のためにポインティング・ベクトルを準備したの？」と思われるかもしれません。しかし、言葉だけで物理現象を説明するのは不十分であり、やはり誰もが理解し計算できるような形、つまり数式で電磁波のエネルギー保存則を表すことができれば大変便利です。ということで、先ほど言葉で記した電磁波のエネルギー保存則を数式で表すと次式のようになります。

$$\int_a \boldsymbol{S}\cdot \mathrm{d}\boldsymbol{A}+\int_v \left(\boldsymbol{E}'\cdot\frac{\partial \boldsymbol{D}'}{\partial t}+\boldsymbol{H}'\cdot\frac{\partial \boldsymbol{B}'}{\partial t}\right)\mathrm{d}V=0$$

数式を用いるといきなり難易度が上がったように感じるかもしれませんが、先ほどの言葉の説明を数式で書くとこうなっただけなのです。

この式の左辺第1項が「体積 v の直方体空間内に入った電磁波のエネルギーから、直方体空間外に出ていった電磁波のエネルギーを差し引いたもの」であり、第2項が「その直方体空間内に蓄えられたエネルギー」です。$\boldsymbol{A}$ は直方体の各面に対して外向きの法線方向のベクトルです。つまり左側の面なら左向き、右側の面なら右向きのベクトルになります。

一方、ポインティング・ベクトル $\boldsymbol{S}$ は**図 10** において常に右向きに取っています。よって、左辺第1項に関しては、左側の面では二つのベクトル $\boldsymbol{A}$ とベクトル $\boldsymbol{S}$ が逆向きなのでベクトルの内積は負の値になります。逆に、右側の面では $\boldsymbol{A}$ と $\boldsymbol{S}$ が同じ向きなのでベクトルの内積は正の値となります。また、残り四つの面では $\boldsymbol{A}$ と $\boldsymbol{S}$ が直交関係（二つのベクトルのなす角が 90°）になるため、内積は 0 になります。

ここで、ベクトルの内積についても簡単におさらいしておきましょう。二つのベクトル $\boldsymbol{A}$ と $\boldsymbol{B}$ の内積 $\boldsymbol{A}\cdot\boldsymbol{B}$ は、$\boldsymbol{A}\cdot\boldsymbol{B}=|\boldsymbol{A}||\boldsymbol{B}|\cos\alpha$ で表されます。α は二つのベクトルの成す角度です。ベクトルの外積 $\boldsymbol{A}\times\boldsymbol{B}$ はベクトルでしたが、ベクトルの内積 $\boldsymbol{A}\cdot\boldsymbol{B}$ はスカラーとなる点が異なります。また、角度 α に対する sin、cos も外積と内積で異なりますので注意してください。

結局のところ、左辺第1項は左側の面から入って右側の面を出ていく電磁波エネルギーの差し引きを考えたことになるのです。次に左辺第2項に関しては、$\mathrm{d}V$ は直方体空間内の微小体積を表しており、左辺第2項全体を体積 v で体積積分することを表しています。

何を体積積分しているのかは積分の中身に書かれています。このうち $\boldsymbol{E}'\cdot(\partial\boldsymbol{D}'/\partial t)$ は媒質中の電界 $\boldsymbol{E}'$ および電束密度 $\boldsymbol{D}'$ にまつわるエネルギーであり「電気エネルギー」とよばれます。$\boldsymbol{H}'\cdot(\partial\boldsymbol{B}'/\partial t)$ は媒質中の磁界 $\boldsymbol{H}'$ および磁束密度 $\boldsymbol{B}'$ にまつわるエネルギーであり「磁気エネルギー」とよばれます。この電気エネルギーと磁気エネルギーを足したものを体積積分したものが「その直方体空間内に（単位時間あたりに）蓄えられたエネルギー」となるのです。

ちなみに、$\partial\boldsymbol{D}'/\partial t$ の記号 ∂（ラウンドディー、カーリーディー、デルなどと読みます）は偏微分を表しており、分母に置かれた1変数だけで微分することを意味します。例えば、電束密度 $\boldsymbol{D}'$ は空間 (x, y, z) および時間 t で変化するため、$\boldsymbol{D}'$ の変数は (x, y, z, t) の四つです。このとき $\partial\boldsymbol{D}'/\partial t$ は、$\boldsymbol{D}'$ を時間 t だけで微分することを意味します。

ここで、電磁波のエネルギー保存則を表した式の単位を確認しておきましょう。電界の単位は V/m、磁界の単位は A/m なので、左辺第1項に表されているポインティング・ベクトルの面積積分の単位は $\mathrm{V/m} \times \mathrm{A/m} \times \mathrm{m}^2 = \mathrm{V} \times \mathrm{A} = \mathrm{W}$ となります。

また、電束密度の単位は $\mathrm{C/m^2} = (\mathrm{A \cdot s})/\mathrm{m}^2$、磁束密度の単位は $\mathrm{T} = \mathrm{Wb/m^2} = (\mathrm{V \cdot s})/\mathrm{m}^2$ なので、左辺第2項の電気エネルギーの部分は $(\mathrm{A \cdot s})/\mathrm{m}^2 \times (\mathrm{V/m}) = (\mathrm{V \cdot A \cdot s})/\mathrm{m}^3$、磁気エネルギーの部分は $(\mathrm{V \cdot s})/\mathrm{m}^2 \times (\mathrm{A/m}) = (\mathrm{V \cdot A \cdot s})/\mathrm{m}^3$ となり、時間微分と体積積分を施した後の最終的な単位はどちらも $\mathrm{V} \times \mathrm{A} = \mathrm{W}$ となります。

よって数式で示した項の物理量は、すべて電力の単位になることがわかります。「『エネルギーの保存則』と言っておきながら、単位が電力って……」と思われるかもしれませんが、$\mathrm{W \cdot s} = \mathrm{J}$ つまり $\mathrm{W} = \mathrm{J/s}$ なので、この数式を「単位時間当たりのエネルギー（＝電力）」のことだと捉えれば、やはりエネルギーの保存則と言って何ら差し支えありません。

以上より、電磁波のエネルギー保存則を言葉だけではなく数式を用いても表現することができました。最後に、導電性の損失がある場合において等方性媒質（方向に異なる損失がある媒質）を伝播する電磁波のエネルギー保存則について述べておきます。これを言葉で説明するなら「体積 v の直方体空間内に入った電磁波のエネルギーから直方体空間外に出ていった電磁波のエネルギーを差し引いたものは、その直方体空間内に蓄えられたエネルギーと消費されたエネルギーの和に等しい」となります。これを数式で表すと以下の通りです。

$$\int_a \boldsymbol{S}\cdot \mathrm{d}\boldsymbol{A}+\int_v \left(\boldsymbol{E}'\cdot\frac{\partial \boldsymbol{D}'}{\partial t}+\boldsymbol{H}'\cdot\frac{\partial \boldsymbol{B}'}{\partial t}\right)\mathrm{d}V+\int_v \boldsymbol{E}'\cdot\boldsymbol{J}'\mathrm{d}V = 0$$

先ほどの無損失等方性媒質と比較すると、左辺に第3項が加わっていることがわかるでしょう。この第3項が「消費されたエネルギー」を表しています。$\boldsymbol{J}'$は媒質中に流れる電流密度のことです。

ここで、第2項には時間微分 $\partial/\partial t$ があるのに、第3項には時間微分がないことを不思議に思うかもしれません。これは、マックスウェル方程式を出発点として上記のエネルギー保存則の式を導くと必然的に第2項のみに時間微分が現れるためですが、より詳細なことについては電磁波工学などの専門書を参照してください。

ちなみに第3項の単位は、電流密度の単位が $\mathrm{A/m^2}$ なので $(\mathrm{V/m})\times(\mathrm{A/m^2})\times\mathrm{m^3}=\mathrm{V}\times\mathrm{A}=\mathrm{W}$ となり、やはり他の項と同様に電力の単位と一致します。このことは同時に、第3項に時間微分が不要であることも裏付けています。

また、媒質の電気定数である誘電率 ε、透磁率 μ、導電率 σ を用いれば、等方性媒質の場合は、$\boldsymbol{D}'=\varepsilon\boldsymbol{E}'$、$\boldsymbol{B}'=\mu\boldsymbol{H}'$、$\boldsymbol{J}'=\sigma\boldsymbol{E}'$、と表すことができるので、電磁波のエネルギー保存則は次の式のように書き換えることもできます。

$$\int_a \boldsymbol{S}\cdot \mathrm{d}\boldsymbol{A}+\int_v \left(\varepsilon\boldsymbol{E}'\cdot\frac{\partial \boldsymbol{E}'}{\partial t}+\mu\boldsymbol{H}'\cdot\frac{\partial \boldsymbol{H}'}{\partial t}\right)\mathrm{d}V+\int_v \sigma\boldsymbol{E}'\cdot\boldsymbol{E}'\mathrm{d}V=0$$

電磁波エネルギーの意味

本章の終わりに、電磁波エネルギーの意味を説明します。それに際して、静電エネルギーについての解説から始めます。

例えば、電気を貯めることができ、貯めた電気を必要なときに放出（放電）することができる電子部品としてコンデンサがあります。蓄積できる電気（電荷）は電池と比較すると少ないので、電荷の放電においては短時間しか電流を供給できませんが、充電（電荷の蓄積）と放電は繰り返すことができます。

充電したコンデンサに羽根を付けたモーターをつなげると、モーターに付いた羽根は回転します。このことから、充電したコンデンサはエネルギーをもっていることがわかります。このエネルギーのことを静電エネルギーとよびます。

コンデンサは絶縁体（誘電体）を金属板（電極）で平行に挟んだ構造をしており、その金属板（電極）間に直流電圧を印加すると電荷が蓄積します（**図11**）。これがコンデンサの蓄電原理です。蓄えられる電荷の量を静電容量といい、静電容量 C は、絶縁体の誘電率 ε、電極の表面積 S、絶縁体の厚さ d で決まり、次の式で表すことができます。

$$C=\varepsilon\frac{S}{d}$$

絶縁体の誘電率 ε を大きくする、電極の表面積 S を大きくする、絶縁体の厚み d を薄くすることで、静電容量 C を大きくすることができます。

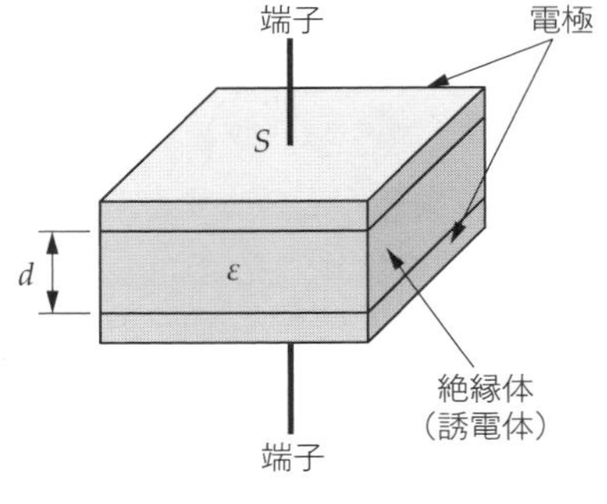

図 11 コンデンサの構造

表面積と絶縁体の厚さの積 Sd はコンデンサの体積を表すことになり、コンデンサの両端電極間の電界を E とすると、コンデンサに蓄えられるエネルギー W は、$W=\frac{1}{2}\varepsilon \boldsymbol{E}^2 Sd \Rightarrow \frac{W}{Sd}=\frac{1}{2}\varepsilon \boldsymbol{E}^2$ となることからコンデンサには単位体積あたり $\frac{1}{2}\varepsilon \boldsymbol{E}^2$ のエネルギーが蓄えられていると考えることができ、この蓄えられている静電界のエネルギーを、静電エネルギーとよびます。

一方で磁界に対してはどうでしょう？　静電界に対して静磁界も同様に考えることができます。静電エネルギーを $\frac{1}{2}\varepsilon \boldsymbol{E}^2$ と表すことができ、静磁エネルギーを $\frac{1}{2}\mu \boldsymbol{H}^2$ で表すことができます。静電磁界の場合、静電界、静磁界が蓄えたエネルギーと考えられるので、これらの和である $\frac{1}{2}\varepsilon \boldsymbol{E}^2+\frac{1}{2}\mu \boldsymbol{H}^2$ と表すことができます。別の見方をすると、静電界や静磁界が物質に与えるエネルギーは、それぞれ電界の二乗と磁界の二乗に比例定数をかけた値の和とみなすこともできます。

一方で電磁界が空間や物質に与えるエネルギーは、次の二つのマックスウェルの方程式(1)、(2) から導くことができます。

$$\mathrm{rot}\,\boldsymbol{E}+\frac{\partial \boldsymbol{B}}{\partial t}=0 \tag{1}$$

$$\mathrm{rot}\,\boldsymbol{H}-\frac{\partial \boldsymbol{D}}{\partial t}=\boldsymbol{J} \tag{2}$$

式(1)は変化する電界が磁界を生み出しますが、この磁界が一定速度で回転する（回転磁界）ことを意味しており、式(2)は変化する磁界が回転する電界を生み出すことを意味しています。式(1)の両辺を電界 $\boldsymbol{E}$ と内積をとり、式(2)を磁界 $\boldsymbol{H}$ と内積をとり、できた式を引き算すると以下の式(3)になることがわかります。

$$\boldsymbol{E}\cdot\mathrm{rot}\,\boldsymbol{H}-\boldsymbol{E}\cdot\frac{\partial \boldsymbol{D}}{\partial t}-\boldsymbol{H}\cdot\mathrm{rot}\,\boldsymbol{E}-\boldsymbol{H}\cdot\frac{\partial \boldsymbol{B}}{\partial t}=\boldsymbol{E}\cdot\boldsymbol{J} \tag{3}$$

ここで、div($E\times H$)＝$H\cdot\mathrm{rot}\,E-E\cdot\mathrm{rot}\,H$ という公式を使うと、式（3）は式（4）のように書くことができます。

$$\mathrm{div}(E\times H)=-E\cdot\frac{\partial}{\partial t}(\varepsilon E)-H\cdot\frac{\partial}{\partial t}(\mu H)-E\cdot J \qquad (4)$$

ここで、コーヒーでも飲みながら式(4)を眺めてみると、いろいろなことがわかります（**図 12**）。例えば、左辺は $E\times H$ に演算子 div を作用させていますが、$E\times H$ は電界と磁界のそれぞれに直交であるベクトルを意味するので、電磁波が進む方向を示していることがわかります。そのため、$E\times H$ はポインティング・ベクトルで、左辺の演算子 div はベクトル解析における「発散（流れ)」を意味しているので、左辺は電磁波エネルギーの発散（電磁波エネルギーが物質に消費される）を示しています。右辺の第 1 項および第 2 項は、先に述べた静電エネルギーと静磁エネルギーから推察できるように電界と磁界のエネルギー密度を意味しています。また、右辺の第 3 項の $E\cdot J$ はジュール熱を意味しています。

この式を使って、マイクロ波を用いた加熱家電である電子レンジを用いた食品の加熱（エネルギーと仕事）を考えてみます。式(4)の右辺全体は、食品の加熱に使用されるエネルギーもしくは食品内に蓄えられるエネルギーとみなすことができます。

食品の場合は、食品内のさまざまな媒質が誘電体として表現できるため、右

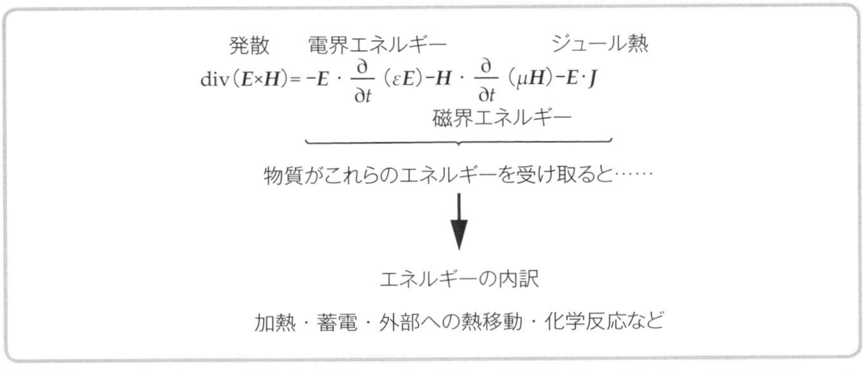

図 12　電磁波における電界と磁界のエネルギーの発散がエネルギー損失やジュール熱に変換される式とイメージ

辺第 1 項の電界エネルギーに起因する加熱が主要因となります。このような加熱を誘電加熱とよびます。右辺第 2 項の磁界エネルギーはほとんど作用しません。右辺第 3 項のジュール熱に起因する加熱は食品内に存在しますが誘電加熱と比べるとその影響は少ないといえるので、食品が電子レンジで温められる主な理由は電界エネルギーに起因する誘電加熱と捉えておきましょう。

マイクロ波照射によって食品から発生する熱は、熱伝導や輻射によって大気や容器などへ放熱します。また、場合によっては食品中で熱による化学反応なども起こるかもしれません。印加されたマイクロ波全エネルギーは、最終的には「エネルギー保存則」に則り、食品の発熱とその熱の放熱やそれ以外のエネルギーを足し合わせたものになるわけです。

参考文献

堀越 智、竹内 敬治、篠原 真毅：『エネルギーハーベスティング―身の周りの微小エネルギーから電気を創る“環境発電”―』、日刊工業新聞社（2013）

宿谷昌則：『エクセルギーと環境の理論―流れ・循環のデザインとは何か―』、井上書院（2010）

4章

光

光の画家といわれたヨハネス・フェルメール（1632–1675）の「牛乳を注ぐ女」。光の反射やハイライト部分などを点描によって表現する「ポワンティエ」を駆使し、ピンホール現象を使った原始的なカメラ「カメラ・オブスクラ」を使って転写していたといわれています。

［図の出典：アムステルダム国立美術館］

4-1 ✦ それは原始宇宙から始まった

いろいろな光

いまから約 10 万年前の中期旧石器時代、ヨーロッパや中東地方に生活していたネアンデルタール人（旧人）は、洞窟や岩陰を生活の場として使った痕跡を各地に残しています。外敵や環境から身を守るために太陽光の届かない洞窟暮らしを選択した人類は光を恋しがったに違いありません。光を発生させる火は、当時の人類に「安心」を与えたでしょう。その後、後期旧石器時代に登場したクロマニヨン人（新人）は、洞窟を住居としてだけでなく「信仰の場」とし、洞窟内に壮大な壁画を残しました。このような遺跡は世界中で発見されています。

「光」という漢字の成り立ちを漢字辞典で調べてみると、人の頭の上に火を書き、火は神聖なものという意味から漢字ができたことが示されています（**図1**）。また、古代では火を守って神に仕える人がいたようで、漢字の「光」は、そのような火を扱う聖職者を示しています。その後、人が火を頭に乗せた「光」は、火から発生する「ひかり」そのもののことをいうようになり、物は光が当たると美しく見えることから「かがやく」の意味となりました。また現在では、その意味を人に当てはめ、「ほまれ」（よい評判）という意味にも使っています。

図 1 **「光」の漢字の成り立ち。左から人の頭の上に火がある形から、光そのものに変化している。**［出典：『汉字密码』、唐汉著、p. 320、学林出版社（2002）］

現在でも「光」は宗教と密接に表しているものが多く、例えばキリスト教の聖書ヨハネによる福音書１章５節には、「光は暗闇の中で輝いている。暗闇は光を理解しなかった。」とあり、これはキリストを「光」と表現し、これが心にあれば、闇は侵入できないことを述べています。

「光」とは、人類が生き抜くために必要なものから安心を与えるものに変わり、現在では名誉を表す意味までもつことになりました。それでは、科学の視点から考えると「光」とは、どういったものになるのでしょうか？　その前に「光はどのように生まれたか」についてから話したいと思います。

光の誕生

読者の皆さんは、光は何から生まれたか、ご存じでしょうか？　光は宇宙の誕生とともに生まれました。宇宙の誕生は約138億年前に起きたビッグバンがきっかけであると考えられています。

ビッグバンの中で重力が生まれ、アインシュタインが予測した光子（**2-4**節参照）を含む大量の素粒子（2-1節参照）が次々に生まれました。ビッグバン直後の宇宙では、その直前まで満ちていたエネルギーが熱に変化し、超高温の空間ができ、さまざまな粒子が飛び交っていたようです。

✦ Column　ビッグバンの名前の由来

ところで、ビッグバンとは面白い名前と思いませんか？　このビッグバン理論を唱えたのはジョルジュ・ルメートル（1894–1966、ベルギー）で、当初は宇宙の始まりを「原始的原子（primeval atom）」と呼んでいました。同時期、フレッド・ホイル（1915–2001、イギリス）は別の宇宙の始まりのモデルとして「定常モデル」を提案しており、この二つの理論は激しく対立していました。特にホイルの敵対ぶりは過激で、イギリスのラジオ番組に出演したホイルは「宇宙の始まりがあるというのは馬鹿馬鹿しいアイデア（big bang idea）だ」と、ルメートルの理論をからかっていました。その後、さまざまな研究成果からルメートルの原始的原子理論が正しいことがわかってきました。しかし、科学者の間では原始的原子よりもホイルがいったbig bangという言葉が有名になり、現在では「ビッグバン理論」とよばれるようになったといわれています。

この素粒子には「粒子」と「反粒子」の二つの種類があり、粒子と反粒子が出会うと光を出して消滅（対消滅）してしまう性質をもっています（**図 2**）。何らかの理由により粒子よりも反粒子のほうが 10 億個に 1 個ほどの割合で少なかったために、宇宙のごく初期の時点で反粒子はすべて消滅しました。このわずかに残った粒子から、すべての元素が作られました。もしこのわずかな差がなければ、粒子と反粒子の対消滅によって発生した光だけの量子宇宙になっていたかもしれません。

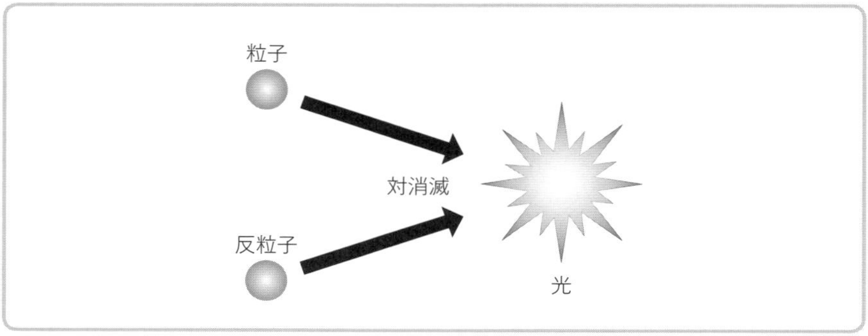

図 2　粒子と反粒子の関係。両者は鏡写しの関係にあり、出会うと消滅してしまう。

光子は電荷ゼロ、自転（スピン）の値が 1 の素粒子です。光子には質量がなく、どこまでも遠くへ飛ぶことができます（エバネッセント光という特殊な光を除きます）。現在、光子はすべての電磁波の量子かつ電磁気力のフォースキャリア（force carrier）といわれています。電磁気力は私たちの身近なものに関わっています（本書で説明している光や電磁波以外に静電気なども含まれます）。

ところで、電磁気力のフォースキャリアとは何のことでしょうか？　普段の生活で私たちが考える「力」とは、物事が変化する原因を作る「何かのエネルギー」のように考えます。しかし、素粒子の世界で「力」とは、力を媒介する粒子の交換によるものであると考えられています。この力を媒介する粒子のことをフォースキャリアとよびます。何やら難しそうですが、単純に言い換えると、粒子間で交換されるメッセージのように機能する粒子と考えてもよいかもしれません。よって光子とは、電磁気力どうしを繋ぐ仲立ち人のようなものと考えられます。

宇宙は誕生直後から「インフレーション」とよばれる真空のエネルギーの猛

烈な加速膨張により、空間を広げていきました（**図 3**）。初期の宇宙は非常に高温で、大量の電子が飛び交っています。そのため、光は電子と衝突してしまって直進できず、宇宙は雲の中のように不透明だったと考えられています。

その後、宇宙誕生から約 38 万年が経過すると「宇宙の晴れ上がり」とよばれる現象が起こります。宇宙の温度が約 3 000 K まで下がったことにより、電子は原子核と結合して「原子」となり、光の進行の邪魔をしなくなったのです。K（ケルビン）は、私たちが普段使っている温度の単位のセルシウス度（℃）に 273.15 を足した絶対温度の単位です。こうして「快適に光が進行」するようになり、宇宙は見通しがよくなりました。現在、遠くの星の光が見えるのは、宇宙の晴れ上がりがあったおかげです。

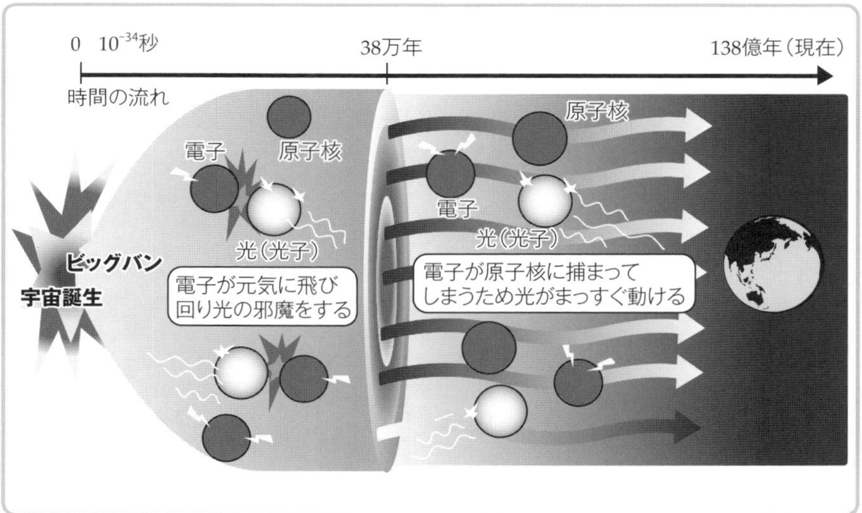

図 3 **宇宙誕生直後から現在までの様子。ビッグバンから始まり、宇宙の晴れ上がりを経て、快適な光の進行につながっている。**

こんな詳しい話を読むと、「どうして大昔の宇宙をこんな鮮明に想像できるのかな？」と思うかもしれません。先ほど粒子と反粒子が作用すると「光になって消える」と書きましたが、実は現在でも、宇宙誕生のころの光をマイクロ波領域の電磁波として観測することができるのです。

1964 年にアーノ・アラン・ペンジアス（1933–、アメリカ）とロバート・

ウッドロウ・ウィルソン（1936–、アメリカ）が宇宙マイクロ波背景放射とよばれるマイクロ波を発見しました。このマイクロ波は宇宙の晴れ上がりから約138億年をかけて地球に到達した光です。それではなぜ光ではなくマイクロ波が地球に到達するのでしょうか？　宇宙はできてから広がり続けているので、光の波長も広がり、現在では電磁波の中でもマイクロ波帯で観測されるのです。この「宇宙マイクロ波背景放射」を観測し、さまざまな解析をすることで約138億年前の宇宙を予想することができるのです。

✦ Column　光学の歴史

光学という学問の歴史は古く、紀元前5世紀のギリシャ時代にはすでに光を科学的に解明しようと、探求が始まっています。紀元前5〜3世紀のギリシャにおいて、光学の基礎が形成されたといわれています。また、ユークリッドは紀元前3世紀ごろ、13巻からなるストイケイア（英語のelements）を出版しました。幾何学を説明したこの本には光学の基礎も含まれています。その後、ニュートンによって新たな考えが進み、光を波として捉える考えを経て量子論へと発展していきます。表1に光学の歴史的年表を示します。

表1　光学の歴史的年表

時期	人物	概　要
B.C.427ごろ〜B.C.347ごろ	プラトン	視覚は目から発した光の粒の流れと、太陽光から出ている光の粒の流れとの相互作用の結果である。色と色を混ぜ合わせて新しい色を作り出す行為は神に対する冒涜である、と考えたようです。
B.C.384ごろ〜	アリストテレス	色は光と闇のはざま、つまり白と黒の間に生じると考えました。アリストテレスは白色光が媒質を通ることによって暗くなり、その過程で、白と黒の間に、黄、赤、紫、緑、青が生じると考えました。このような考えをアリストテレスの変改説または変容説、変化説といいます。気象論の中で虹などの光学的現象を取り上げています。
B.C.330ごろ〜B.C.275ごろ	エウクレイデス（ユークリッド）	光の現象を幾何学的にとらえ、その直進性や反射の法則を最初に論じました。プラトンが考えた目から発した光の粒の考えに基づいて、視線が直進と反射、屈折を行うとした幾何光学を作りました。

時期	人物	概　要
A.D.40 ごろ	クレオメデス	屈折の原理を考えました。密度の低い媒体から密度の高い媒体へと通過する光線は曲がるなど、屈折のいくつかの基本的な特徴を論じています。
140 ごろ	クラウディオス・プトレマイオス	クレオメデスの屈折の原理の研究をさらに進めて、入射角と屈折角とが一定の比をなすという法則を実験的に見出しました。屈折の本格的な理論が展開されている最古の書物である『光学』を著しています。
965～1040	イブン・アル＝ハイサム	水に差し込む光をさまざまな角度で正確に調べ、入射角と屈折角の関係や、光路の原理を考えました。『視覚論』『光学の書』などを著し、光学の基礎を作りました。他にも、凹面鏡の反射や、ガラス球の屈折、月や星の光、宇宙の構造などを扱ったものがあります。
1175 ごろ～1253	ロバート・グロステスト	鏡やレンズを使った実験を行いました。「光」は、観察、自然学、数学、形而上学、神学を結びつける重要な要素であると説きました。
1564～1642	ガリレオ・ガリレイ	光速を計測するために最初に実験を行いました。
1615	ヴィレブロルト・スネル	ユークリッドやイブン・アル＝ハイサムなどが研究してきた屈折角について、正確に計算する方法であるスネルの法則を提唱しました。
1660	フランチェスコ・マリア・グリマルディ	光の回折現象を発見しました。
1666	アイザック・ニュートン	色収差の問題のない「ニュートン式反射望遠鏡」を作成しました。「光は屈折性の異なるさまざまな色が混ざりあったもの」であることを、プリズムの実験から示しました。虹が 7 色であることを示しました。『光学』を著し、その中で「光の微粒子説」を表しています。
1678	クリスティアーン・ホイヘンス	光の波の波面はいくつもの素元波の集合体であるという「ホイヘンスの原理」を提唱しました。エーテルどうしがぶつかり合って、次々と運動が伝わっていくことが光であると考えました。『光についての論考』を著し、光の波動説を提唱しました。波動説はニュートンの「光の粒子説」との激しい論争となりました。
1800	ウィリアム・ハーシェル	赤外線を発見しました。
1801	ヨハン・ヴィルヘルム・リッター	紫外線を発見しました。

時期	人物	概　要
1801	トーマス・ヤング	長い間、信じられてきたニュートンの光の粒子説を光の干渉実験で覆し、光の波動説を明確にしました。
1808	エティエンヌ＝ルイ・マリュス	偏光を発見しました。
1817	ヨゼフ・フォン・フラウンホーファー	回折格子で光の波長を測定しました。
1822	オーギュスタン・ジャン・フレネル、ヨゼ・フォン・フラウンホーファー	光の回折の理論を導き出しました。
1849	アルマン・フィゾー	星間を使わない、地上の実験で光速の測定を初めて成功しました。
1920ごろ	アルベルト・アインシュタイン	光の波動説と粒子説を組み合わせた光量子仮説に基づく光電効果の理論的解明によって、1921 年にノーベル物理学賞を受賞しました。

4-2 ✦ 光の分類

電磁波は 1-3 節で説明した通り、電界（電場）と磁界（磁場）によって構成されています。電界と磁界は進行方向と直交し、右ねじの法則に則って進みます（1 章の**図 15** 参照）。量子論によると、光は粒でも波でもあるという二重性をもっています。この「波」の特性に注目して、波の山と山、あるいは谷と谷の間の長さである波長（1-4 節参照）によって光は分類されています。

光は紫外線（紫外放射）、可視光線（可視放射）、赤外線（赤外放射）の範囲の電磁波に分けることができ、波長でいえば、1 nm から 1 mm の波長をもつ電磁波を「光」といいます。この波長域の電磁波を放射する放射体を「光源」とよんでいます。

紫外線・紫外光

紫外光は、波長が約 10 nm から 400 nm の光の総称で、可視光線より波長が短く、軟 X 線より波長が長い、目には見えない光です。

紫外線は、波長 380～200 nm の近紫外線（near UV）、波長 200～10 nm の遠紫外線（far UV：FUV）もしくは真空紫外線（vacuum UV：VUV）、波長 121～10 nm の極紫外線（extreme UV：EUV）に分けることができます。また、太陽光から届く紫外線の中で、特に人間の健康や環境への影響の観点から、近紫外線を UV-A（400～315 nm）、UV-B（315～280 nm）、UV-C（280 nm 未満）に細分化しています。

その名の通り、紫色の外にある光という意味で命名され、目には見えない光です。1800 年にウィリアム・ハーシェル（1738–1822、ドイツ）が可視光線の赤色の外に赤外線を発見すると、この結果を見たヨハン・ヴィルヘルム・リッター（1776–1810、ドイツ）は、「それなら逆もあるのでは？」と考え、紫より短いスペクトルを探し始めます。

紫外線を発見するための実験は、アンジェロ・サーラ（1576–1637、イタリア）が報告した「粉末の硝酸銀が太陽によって黒くなる」という光化学反応を利用して確かめられました。リッターは、太陽の光の中で紫色に近い暗い部分に塩化銀を塗った紙を置き、白から黒に迅速に変わることを確認しました。これを「化学線」(actinic ray) と名づけ、このことが紫外線を初めて確認した報告となります。化学反応を利用したことから、後の光化学の基礎となっています。

可視光線

可視光線とは、私たちの目に入って明るさや色の感覚を生じさせる光放射のことで、いわゆる「光」のことです。人間の目は色感で鋭敏に感じとることができるため、色の数は人によって「ずれ」が生じます。

例えば、虹は何色？　と聞くと、日本では7色と答える人が多いと思います。実は7色と答えるのは限られた国で、アメリカは6色、ドイツは5色、アジアのいくつかの国は2色と答えるようです。また中には虹色1色と答える国もあるようです。これは、色の見え方に違いがあるのではなく、色の表現の仕方に違いがあるようです。色による光の分類分けでは個人差があるため、波長で光を分類分けすることで、光を規格化することができます。

ところで、光はなぜ7色といわれるのでしょうか？　この7色を思いついたのはアイザック・ニュートンです。当時、ペストが大流行していたことから、ニュートンが働いていたケンブリッジ大学も1664年に一時閉鎖されました。そこでニュートンはプリズムを実家に持って帰り、実験を行うことにしました。

実家の扉に小さな穴を開け、暗くした室内にその穴から太陽光を入れプリズムに当てると、白く見える太陽光が赤色から紫色の7つの色に分かれることがわかりました (**図4**)。これらの色をレンズとプリズムを使って集めると、再び白い色に戻ることから、太陽光は「7色の光」で構成されていることを発見しました。

さらに、このように白色光を分解できるのはプリズムに対して、一つひとつの光の屈折角が違うためであることにも気づき、ニュートンはプリズムで分けた虹色の帯をスペクトルと名付けました。この成果は、ニュートンの著書『光学』(Opticks) の第1篇で、光と色についての新理論としてまとめられました。

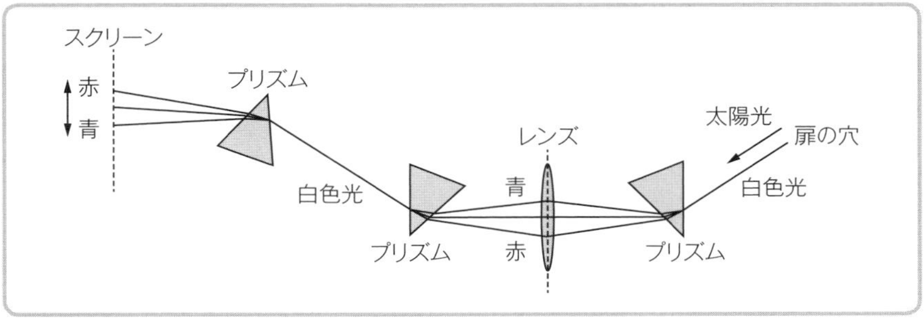

図4 **アイザック・ニュートンのプリズム分散の実験**

その後、ニュートンの発表から100年以上経過した後、ヨゼフ・フォン・フラウンホーファー（1787–1826、ドイツ）は高性能のプリズム分光器を自ら開発し、太陽光のスペクトルを詳しく観察する実験をしました。この結果、プリズムで分けた太陽光の中に、約700本の暗線があるのを発見しました。そのうち570を超える暗線については、波長を計測して名前をつけました。現在のこの暗線は「フラウンホーファー線」とよばれています。

✦ Column　7色と音階

実はアイザック・ニュートンの発表以前から、光は多色で構成されているということは知られており、当時は「青、緑、赤の3色」または「紫、青、緑、黄、赤の5色」といわれていました。ではなぜニュートンは7色（紫、藍、青、緑、黄、橙、赤）と考えたのでしょうか？

当初、ニュートンは5色だと思ったようです。しかし、じっくりと時間をかけて観察を続けると、藍色と橙色の幅が狭いことに気がつきました。そこで、この違いは音階（ドリア旋法）と一致すると連想したようです。音階はミとファの間とシとドの間が半音なので、この観察結果と一致すると思い、7色と定義したようです。さまざまな学問や教養に興味をもったニュートンだからこそ思いついた、音楽と光の融合といえます。

ただ実際には、ニュートンは太陽光を構成する色の種類は無限であると考えていたようです。当時、音楽は学問の一つで、音楽と光を結び付けることは、人々の注目を集めやすかったためと考えられています。

そもそも「色」とは何なのでしょうか？　色は光でできています。太陽の光を白色光といいますが、太陽の光をプリズムに通して見てみると、光は赤から紫までのさまざまな色が連続的に分かれて見えます。

私たちが色として知覚できる光は、およそ 380〜750 nm の波長をもつ可視光線で、ここに含まれている、さまざまな波長を異なる色として認識しています。**図 5** に示すように、可視光線の中で、波長が 610〜750 nm の光は赤色として認識することができます。例えば、畑になっているトマトが真っ赤に見えるのは、太陽光がトマトに当たり、赤色以外の波長の光がほとんど吸収され、一方で反射された赤色が私たちの目に入ってくるので、私たちはトマトが赤く見えるのです。

このような原理で私たちは色を判断しているのです。もともと「物体」に色という概念はなく、目で波長を感知して、その情報に「脳が色をつけている」ことになります。

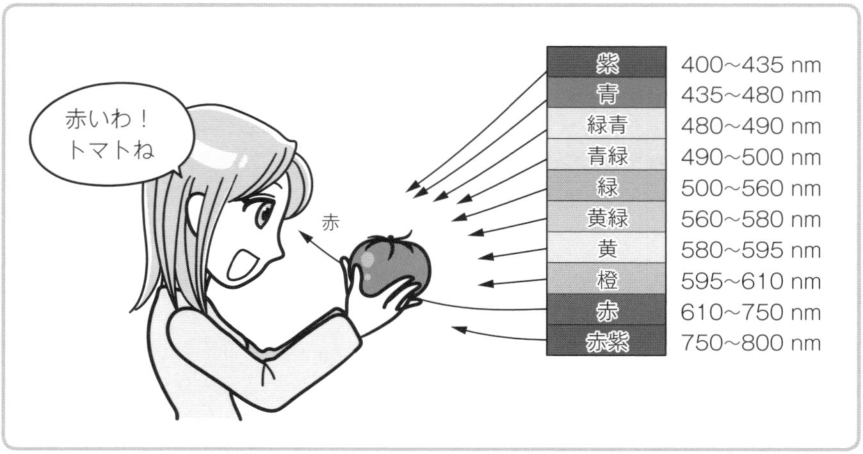

図 5　トマトの色の判別。トマトに当たった太陽光の中で赤色の波長だけが吸収されずに反射して目に届くことから、この光が目に伝わり、脳で赤と認識して、トマトは赤いと思う。

私たちが普段使う白い紙は何色が目に入ってきているのでしょうか？　白い紙は太陽から届くさまざまな波長の光をすべて「反射」しているので、これらが混ざると白色の光のまま目に入り、紙は白く見えています。それでは、黒い炭はどうでしょうか？　炭は太陽から届くあらゆる波長の光を「吸収」するため、光が目に届かず、黒く見えるのです。

この波長と色の識別は「もの」に含まれる分子の光吸収が関係しています。植物の葉は光合成をするために「葉緑素（クロロフィル）」をもっており、このクロロフィルは主に赤色（680 nm 前後の光）と青色（430 nm 前後の光）の光を吸収します。吸収されなかった緑色〜黄色の可視光線は反射するため、私たちは葉を緑色と認識できるのです。また、色は光を吸収する物質に依存し、「もの」自身の状態（例えば生死）には関係しません。例えば、ホウレンソウのお浸しを作ると、色味は変わるものの緑色を保ち続けることからわかると思います。ちなみに、ホウレンソウのクロロフィルは赤と青い光をエネルギーに変えて自分の体を作りますが、ホウレンソウのお浸しになってしまうと、これらの光エネルギーは体を作るために使われないので、熱エネルギーになって大気に放出されます。

✦ Column　紅葉の色

秋になると日照時間は短くなり、気温も下がります。光合成に関わる酵素反応は温度の影響を受けやすく、気温の低下に伴って光合成の効率も悪くなります。すると、秋〜冬の太陽光は光合成だけでは使い切れず、余分な光エネルギーがクロロフィルを分解してしまいます。これによって葉の酸化（老化）が急激に進みます。このような酸化が起きると植物は自分を守ろうとして、抗酸化物質であるアントシアニン（赤色色素）を体内で合成し、その結果として葉が赤色に変化します。また、アントシアニンには紫外線吸収作用があるため、紫外線から細胞を防ぐ効果や、食害を防ぐ効果があるといわれています。まさに、紅葉は植物が老化することを必死に阻害しようとしているわけです。

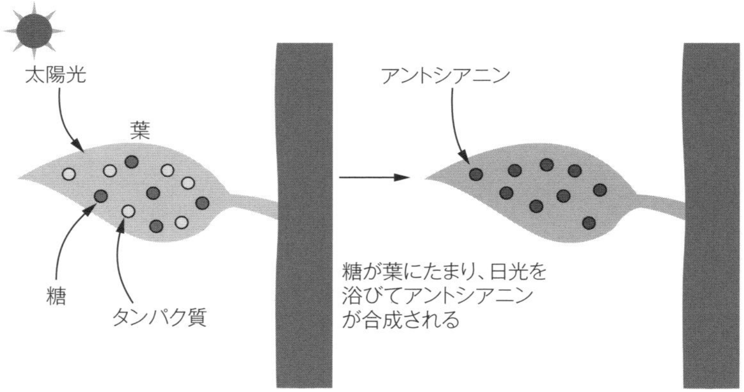

赤外線

ウィリアム・ハーシェル（1738–1822、ドイツ）は、太陽光をプリズムで分けたところ、可視光線の中で赤色の外側においた温度計が上昇することに気がつきました（**図 6**）。温度上昇は赤色のさらに外にある、目には見えない光が原因と考え、これを「熱線」としました。すなわち現在の赤外線のことです。一方でハーシェルは可視光線の逆端である紫色の光の外側の温度を測定しましたが、温度上昇は確認できず紫外線の発見には至りませんでした。

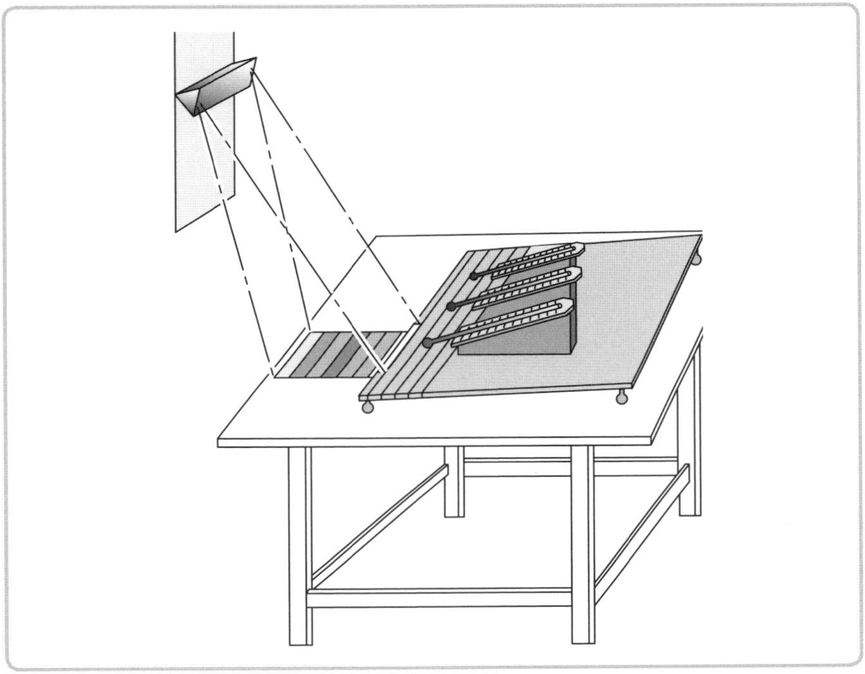

図6 ウィリアム・ハーシェルが行った赤外線を確認するための実験。太陽の光をプリズムで分け、赤色の光の外側の温度を測定している様子

［出典：William Herschel: "XIV. Experiments on the refrangibility of the invisible rays of the sun," Philosophical Transactions of the Royal Society of London, Volume 90, pp. 284-292(1800). https://doi.org/10.1098/rstl.1800.0015］

ハーシェルは赤色光の外側に熱を運ぶ熱線があると考えただけではなく、この熱線が光と同じ屈折と反射の法則に従うことを見出し、この熱線と光（現在の可視光線）は本質的に同じであることを提案しました。しかし、長い間この提案は受け入れられず、赤外線は「熱線」（heat ray）といわれてきました。

現在では、780 nm 以上の波長の光を赤外線とよび、さらに 780～2 500 nm（2.5 μm）を近赤外線（NIR）、2.5～4 μm 程度を中赤外線（MIR）、また 4～1 000 μm 程度を遠赤外線（FIR）と細分化することができます（**図 7**）。近赤外線は家庭用のリモコンなど、中赤外線は電気ストーブなどの熱源として利用されています。一方で遠赤外線とマイクロ波の境目は分野によって定義が異なるので注意が必要です。また、最近では 30 μm～1 mm の電磁波をテラヘルツ波として分類していて、光と電波の境目であることから、両方の特性をもち合わせた電磁波として注目を集めています。

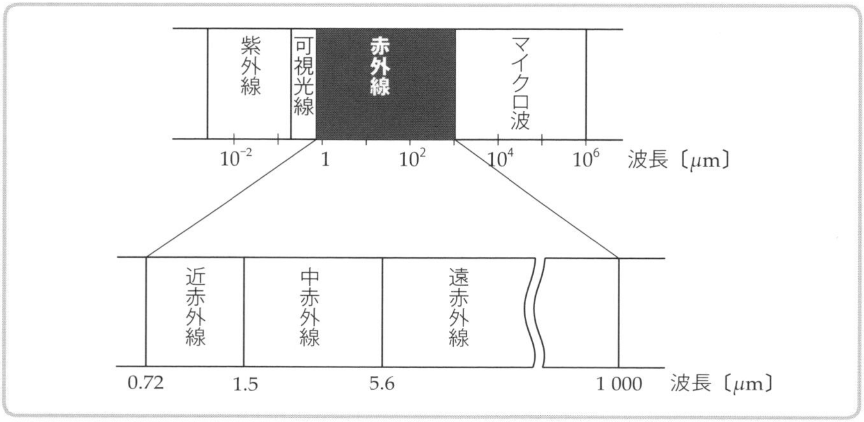

図7 電磁波の中の赤外線の分類

ハーシェルは太陽光から赤外線を探し出しましたが、実は太陽にかかわらず、赤外線は絶対0度以上のすべての物体から発生しています。すなわち、あらゆる物体は、その温度に応じた量の熱を赤外光で放射しています。例えば、赤外線ストーブは、ヒーターに電流が流れて高温になり、赤外線を強く放出しています。このような物体から放射される赤外線を感知・映像化する装置としてサーモグラフィーがあり、さまざまなところで利用されています。

この物体からの赤外線放射は温度が高いほど多くなります。この原理を利用したものが、セラミックス電気ヒーターなどの放射熱を利用した熱源です。セラミックスを加熱し、そこから発生する赤外線を利用した「熱放射」による熱源になります。それでは、具体的にヒーターを作る際には、目的温度に合わせて熱源の熱量をどの程度見積もったらいいのでしょうか？

✦ Column　スマホは赤外線で認証している!?

最近のスマートフォンでは、顔認証がついているものが多くありますが、これはどのように顔を認証しているのでしょうか？　使用者がスマートフォンに顔を近づけると、赤外線レーザーで、使用者との距離を測り、次にドットプロジェクターから約3万個の赤外線を放射し、これが顔に当たって反射した赤外線を赤外線カメラがとらえ、顔の形状が特定されます。また、暗い場所での認証では赤外線による顔の撮影を行い、撮影された画像からも認証しているのです。

ここでは完全黒体（2-3節参照）から発生する熱放射を想定します。完全黒体から単位時間あたりに単位面積から放出される熱量 q〔$\mathrm{W/m^2}$〕は、黒体の温度 T〔K〕、ステファン・ボルツマン定数 σ ［$=5.67\times10^{-8}\ \mathrm{W/(m^2\cdot K^4)}$］から次の式で求めることができます。

$$q=\sigma\times T^4$$

この関係をステファン・ボルツマンの法則といい、熱放射によって放出されるエネルギーが絶対温度の4乗になります。しかし、2-3節で書いたように完全黒体は存在しません。したがって、実在する物体の表面から放出される熱放射は、黒体の場合よりも少なくなります。この割合のことを「放射率」や「輻射率」といい、放射率を ε とすると先ほどのステファン・ボルツマンの法則は次のように書き換えられます。

$$q=\varepsilon\times\sigma\times T^4$$

完全黒体の放射率は1なので、この値が大きいほど熱放射によって放出されるエネルギーが多くなり、効率的な熱源といえます。

赤外線はさまざまな装置の熱源として使用されています。その装置の性能は、この式を用いることで予想することができ、装置の設計指針にされ、機械が作られています。

光の強さ

私たちの感知できる「色」は可視光線の波長に由来することを説明しました。それでは「明るさ」、つまり明るい光や暗い光は目の中でどのようなことを行っているのでしょうか？　空間や光源に対する光の明るさを示す単位には、光の強さ（光度）を表す「カンデラ」、光の総量（光束）を表す「ルーメン」、照らされた面の明るさ（照度）を表す「ルクス」があります。

「カンデラ（cd）」は国際単位系（SI）における「光度」の単位です。光度とは光源から特定の方向へ照射される光の強さを意味します。カンデラとはラテン語でロウソクを意味する言葉で、1 カンデラはロウソク 1 本の明るさを表しています。

「ルーメン（lm）」は国際単位系（SI）における「光束」の単位です。光束とは、ある面を通過する光の明るさを表す物理量を意味します。1 ルーメンは「すべての方向に対して 1 カンデラの光度をもつ標準の点光源が 1 ステラジアン（球の半径の平方の立体角）内に放出する光束」と定義されています。何やら難しいようですが、「1 m 離れたところにある 1 本のロウソクの明るさが 1 ルーメン」と解釈することもできます。昔は蛍光灯の明るさを表すために、ワット（電力量）で表記されてきました。しかし、最近の照明光源は LED が主流になったため、消費電力が小さい LED の明るさをワットで表すことは複雑になることから、商品の表記にはルーメンが用いられています。

「ルクス（lux）」は国際単位系（SI）における「照度」の単位です。物体の表面を照らす光の明るさを表す物理量を意味します。1 ルクスの定義は「1 平方メートルの面が 1 ルーメンの光束で照らされるときの照度」とされています。JIS 照明基準などではルクスが用いられていますが、例えば事務室の照明にはであれば 750 ルクス以上の照度が推奨されています。

人の目が感知する光の明るさを検出するには、光子（フォトン）が何個目に届いたかを算出します（**図 8**）。フォトンの数が多いと明るく感知し、数が少ないと暗く感知することになります。例えば、晴天時の太陽光の明るさをフォトンの個数で表すと、およそ 1 000 000 000 000 000 フォトン /(秒・mm^2)、すなわち、毎秒 1 mm^2 あたりに 1 000 兆個のフォトンが地上に届いていることになります。また、満月の明るさは太陽の 100 万分の 1 程度、0 等星の明るさは満月の 10 万分の 1 程度です。10 m 先のほたるの発光も月明かりや星明かり程度の明るさということになります。

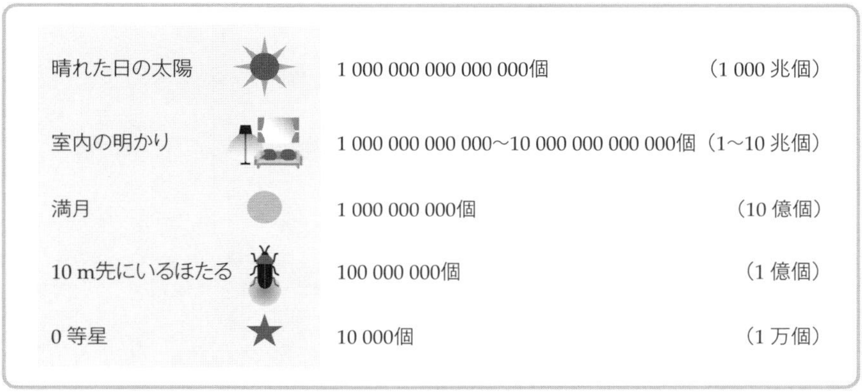

図 8　さまざまな光源に対するフォトン量の比較

光のエネルギーを用いて化学反応を行う、「光化学」という分野があります。この光化学反応でも光子の数が、化学反応の効率を決める上で、重要な因子として使われています。光化学反応を起こした原子または分子の個数 m と、この物質に吸収された光子の個数 n との比 m/n から、光の利用効率を算出するもので、これを「量子収率」といいます。

スペクトルの決定

2-2 節では、長い間信じられてきたニュートンの光の粒子説を、トーマス・ヤングが光の干渉実験で覆し、光の波動説を明確に説明しました。ヤングのモチベーションは、「音は空気中を伝わる波によって生じるのだから、光も波だろう」という考えであり、光が波であることを突き止める研究を進めました。

このヤングが行った、ある意味で非常識な研究は、単純な回折格子を用いて、格子の溝の間隔から波長を計算することでした。ヤングが用いた回折格子は、1 インチ（2.54 cm）あたり 500 本の溝が刻まれたガラス板でした。この回折格子に 45 度で太陽光を入射させると、光の干渉により、四つの明るい序列が現れました。回折角の正弦が整数 1：2：3：4 に従って増加していることから、ヤングは太陽光の波長を求めることができました。ヤングの計算では、可視光線の範囲は 424 nm から 675 nm の光となります。このことは 1802 年にヤングの論文『光と色の理論について』（*Lecture II. The Bakerian Lecture. On the theory of light and colours*）にまとめられました（**図 9**）。

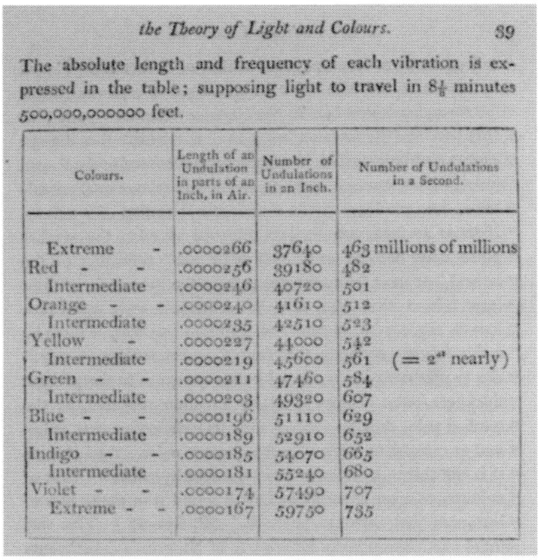

the Theory of Light and Colours. 39

The absolute length and frequency of each vibration is expressed in the table; supposing light to travel in $8\frac{1}{8}$ minutes 500,000,000000 feet.

Colours.	Length of an Undulation in parts of an Inch, in Air.	Number of Undulations in an Inch.	Number of Undulations in a Second.
Extreme -	.0000266	37640	463 millions of millions
Red - -	.0000256	39180	482
Intermediate	.0000246	40720	501
Orange - -	.0000240	41610	512
Intermediate	.0000235	42510	523
Yellow -	.0000227	44000	542
Intermediate	.0000219	45600	561 (= 2^{48} nearly)
Green - -	.0000211	47460	584
Intermediate	.0000203	49320	607
Blue - -	.0000196	51110	629
Intermediate	.0000189	52910	652
Indigo - -	.0000185	54070	665
Intermediate	.0000181	55240	680
Violet - -	.0000174	57490	707
Extreme - -	.0000167	59750	735

図 9 太陽光と波長の関係を回折格子で実験した結果。トーマス・ヤングの論文である『光と色の理論について』（Lecture II. The Bakerian Lecture. On the theory of light and colours）の一部（波長はインチ単位で示されている）

［出典：Thomas Young: "II. The Bakerian Lecture. On the theory of light and colours," Philosophical Transactions of the Royal Society of London, Volume 92(1802). https://royalsocietypublishing.org/doi/10.1098/rstl.1802.0004］

✦ Column　赤外線や紫外線の語源

1800 年のハーシェルによる熱線の発見、1801 年のリッターによる化学線の発見により、太陽光には目に見えない放射線があることが判明しました。これらの放射線は光と同じ仲間であることが、屈折・反射・偏光の実験から証明されました。この赤外線を英語で書くと、infrared ray となり、infra- の意味は「下に」という接頭語なので infrared ray は「赤の下」という意味になります。一方で紫外線は ultraviolet ray で、ultra- は「超える」を意味する接頭語なので「紫を超える」という意味になります。

4-3 ✦ 光の速度

インターネットの接続方法で光回線というと、高速な回線をイメージします。「光」という言葉が表すイメージとして、「非常に速い速度」を考えるものですが、今では固定概念として知られている光速も、1600年代以前は無限（速度がない）と考えられてきました。例えば、ルネ・デカルト（1596–1650、フランス）やジョヴァンニ・カッシーニ（1625–1712、フランス）などの有名な科学者でも、光には速度がないと信じていたようです。

このような考えに至った理由として、例えば目を閉じて夜空を向き、目を開けると、遥か彼方の星の光が時間をかけずに届くと考えられていたからです。大昔の人々は固定概念として光速はないと信じていたようです。現在では、光速 c は秒速 299 792.458 km と定められており、この値はさまざまな場所で利用されています。ではこの光速は、どのように決められたのでしょうか？

1638年　c = ？

最初に光速を測ろうと試みた記載は、ガリレオ・ガリレイ（1564–1642、イタリア）の著書『新 科学対話』（*Discorsi e dimostrazioni matematiche intorno a due nuove scienze attenenti alla meccanica,* 1638）で示されています。ガリレオは、5 km 離れた場所から2人がランプの光を使って合図を送り合い、その時間の差から光速を算出しようと考えました。しかし、光速はあまりにも速く、この実験は失敗に終わりました。ただ、光は有限の速度をもっていることを信じて挑戦したこの実験は、後の科学者へ大きな影響を与えます。また、失敗にもかかわらず、この実験を本に残したことも素晴らしい功績です。

1676年　c = 21.4万 km/秒

光の速さの有限性を初めに証明したのは、オーレ・クリステンセン・レーマー（1644–1710、デンマーク）です。天文学者であったレーマーは、ガリレイが発見した木星の衛星イオの「食」が起こる時刻に、場所によって約22分の時間差があることに気づきました。

図10 に示すように、ある時刻Aから約5か月後の時刻Bに移動すると、

太陽を中心として地球と木星の距離は近づきます。イオは木星の周囲を約 42.5 時間で 1 周回ります。もし光がどんな遠方からも一瞬にして届くのであれば（光速が無限であれば）、地球や木星がどの位置にあっても、イオは木星の影に隠れる時間が 42.5 時間（食）ごとに観測されるはずです。

レーマーは地球の位置によって観測時刻に 22 分の差があることを突き止め、この差は地球とイオの最短距離と最長距離の差を、光が進むためにかかる時間によって生じた差であることを報告しました。また、この差から光の速度は、約 21.4 万 km/ 秒であることを算出しました。

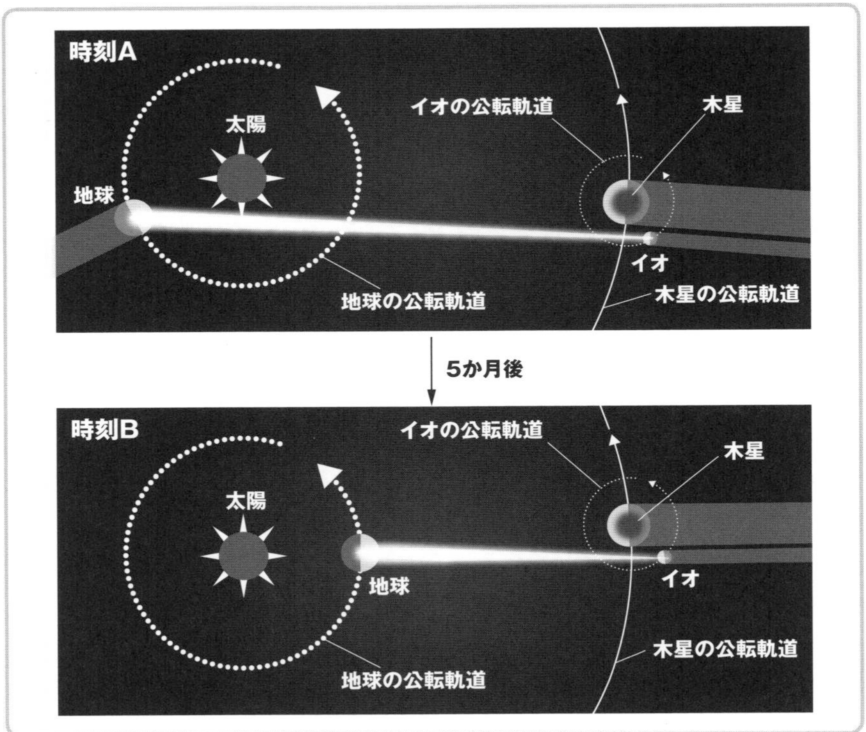

図 10 オーレ・クリステンセン・レーマーが行った光速の実験。衛星イオと地球の距離の変化から割り出した。

1725年　c = 299 042 km/秒

レーマーの観測から約半世紀後、ジェームス・ブラッドリー（1693–1762、イギリス）は、レーマーの方法に独自の手法を組み合わせ、光速を算出するための実験を行いました。地球の公転移動のために、地球が静止しているときに見える星の位置と比べて、実際に見える星の位置のずれである光行差を利用して、光速は 299 042 km/秒であることを算出しました。これは、現在の値にかなり近い値です。

1849年　c = 313 000 ± 500 km/秒

星間を使わず地上の実験で光速の測定を初めて成功させたのはアルマン・フィゾー（1819–1896、フランス）です。フィゾーの実験は 2 点間の光の往復にかかる時間を測定するもので、ガリレオと同じ実験を行いました。ただ、その実験器具は複雑で、望遠鏡と反射鏡を組み合わせた装置をパリ郊外に設置し、8.6 km の距離の光の往復（17.2 km）の時間を測りました。

この光路の途中には、1 周 720 個の歯がついた歯車を置き、これを高速で回転させました（**図 11**）。すると、光は歯車の歯で定期的に遮られ、歯車の歯と歯の間を通った光だけが、8.6 km 先の装置に届き、鏡で反射されて戻ってきます。歯車を 1 秒間に 12.6 回転の速さで回転させると、反射して戻ってきた光は、歯 1 個分遮られることがわかりました。これは、歯車の歯が 1 個分進む間に、光が往復 17.2 km を進んできたことを意味しています。

歯が 1 個分進むのにかかる時間、つまり約 0.000 055 秒（=1 秒÷12.6 回転÷720 個÷2）から、光は 17.2 km の距離を 0.000 055 秒の時間で進むことがわかります。このことから光速は 31.3 万 km/秒（=17.2 km÷0.000 055 秒）であると結論づけました。

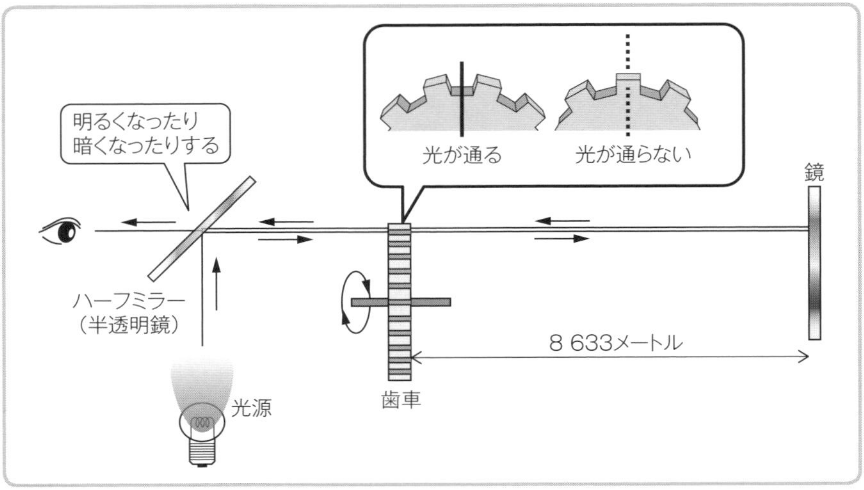

図 11　アルマン・フィゾーが行った光速の実験。2 点間の光の往復にかかる時間を測定して割り出す方法。

1850 年　$c = 298\,000 \pm 500$ km/ 秒

フィゾーの実験から 1 年後、レオン・フーコー（1819–1868、フランス）は、フィゾーの装置で使用した歯車を蒸気で回る回転鏡に変えました（**図 12**）。この実験では光の進む距離を 8.6 km から 20 m に縮め、実験室内で光速を精度よく測定しました。また、この装置を用いて、空気と水の両方の中で光速度を測定し、2-2 節で説明した「光の粒子説と波動説」の検証も行いました。

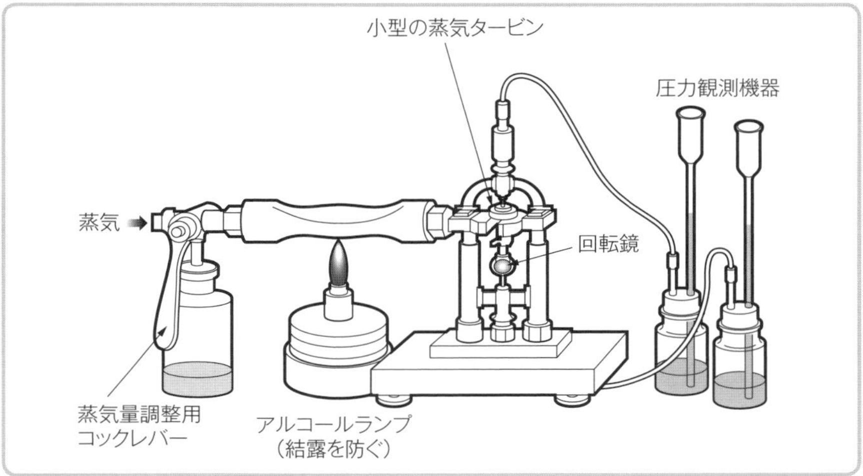

図 12　レオン・フーコーが行った光速の実験。フィゾーの装置を蒸気で回る回転鏡に変えてバージョンアップした。

1879 年　c = 299 796 ± 4 km/ 秒

アルバート・マイケルソン（1852–1931、アメリカ）は、フーコーの回転鏡（平面の回転鏡）の代わりに、多面体の回転鏡を使い、アメリカのウィルソン山から東に約 22 マイル（35.4 km）離れたルックアウト山までの 2 地点間で、528 回 / 秒で回転する鏡で光を反射往復させ、光速の測定を試みました。この実験で最も苦労したのは、山と山の間の正確な距離を測量することで、約 2 年を有したといわれています。

1973 年　c = 299 792.458km/ 秒

1973 年にケネス・メルビン・エベンソン（アメリカ）はレーザー光の周波数 f と波長 λ を精密に測定し、$c=f\lambda$ の関係から光速は秒速 299 792.458 km であることが算出しました。この値は、ガリレオの時代から 300 年以上経過して、やっと真の光速に近い値まで算出することに成功したといえます。

ここまで見てきたように、多くの科学者の光速に対する長い探究によって、現在の光速は定められています。よく光速 c を簡略化した 3×10^{8} m/ 秒として利用することがありますが、光速が導き出された過程を考えると安易に省略することは、これに携わった科学者に失礼にあたるかもしれません。光速の算出には、本書に紹介しきれない数多くの研究者が携わっています。**表2**にその一例をまとめました。

表2 光の速度を探求した研究者の歴史

西暦	研究者	方法	光速〔km/秒〕
1638	ガリレオ・ガリレイ	ランタン	
1676	オーレ・クリステンセン・レーマー	木星のイオ	214 000
1725	ジェームス・ブラッドリー	星の収差	299 042
1834	チャールズ・ホイートストン	回転ミラー	402 336
1838	フランソワ・アラゴ	回転ミラー	
1849	アルマン・フィゾー	回転ホイール	313 000
1850	レオン・フーコー	回転ミラー	298 000
1868	ジェームズ・クラーク・マックスウェル	理論計算	284 000
1875	マリー・アルフレッド・コルニュ	回転ミラー	299 796
1879	アルバート・マイケルソン	回転ミラー	299 910
1887	アルバート・マイケルソン エドワード・モーリー	回転ミラー （干渉計）	299 774
1888	ハインリッヒ・ルドルフ・ヘルツ	電磁波検出器	300 000
1889	エドワード・ベネット・ローザ	電気測定	300 000
1890s	ヘンリー・ローランド	分光法	301 800
1907	エドワード・ベネット・ローザ ノア・ドーシー	電気測定	299 788
1923	アンドレ・メルシエ	電気測定	299 795
1926	アルバート・マイケルソン	回転ミラー （干渉計）	299 798
1928	アウグスト・カロルス オットー・ミッテルシュテット	カーセルシャッター	299 778
1947	ルイ・エッセン	空洞共振器	299 792
1949	カール・アスラクソン	ショーランレーダー	299 792.4
1951	キース・デイビー・フルーム	電波干渉計	299 792.75
1973	ケネス・メルビン・エベンソン	レーザー	299 792.458
1978	ピーター・ウッズ	レーザー	299 792.458 8

✦ Column　きわめて意義の大きい失敗

光速の探求で活躍したアルバート・マイケルソンは、エドワード・モーリー（1838–1923、アメリカ）と行った実験（マイケルソン・モーリーの実験）でも有名な実績を残しています。

当時は光が波動であり、この光を伝える物質が存在すると考えられていました。例えば、水面の波は水の動きによって生じることから、水（媒質）がなければ波は存在できません。光を伝える媒質はエーテルという物質と考えられ、この存在を確かめるために彼らは実験を行いました。エーテルが光を伝える媒質で、地球がエーテルに対して運動している場合には、地球の公転方向とその垂直方向で、光が等距離を往復するときに要する時間が異なるはずです。このことを光の干渉を用いて検出しようとしましたが、差は観測されずエーテルは存在しないことがわかってしまいました。

この結果は、あらゆる方向に運動する物体から観測する光速は常に一定であるという「光速度不変の原理」の発見につながり、後のアインシュタインの特殊相対性理論の根拠となりました。よって、後世の科学者はこの失敗を「きわめて意義の大きい失敗」として伝えています。

光は時間や長さの基準

光の特性が解釈できた現代では、さまざまな単位を決める基準に光が使われています。例えば、時間の基準は光速から決められています。1956 年以前、1 秒間は地球の自転を基にして平均太陽日の 1/86 400 とされてきました（**図13**）。その後、地球の自転速度、地球の公転が使われるようになりました。

その後、「セシウム 133 原子の基底状態の二つの超微細準位間の遷移に対応する放射の 9 192 631 770 周期の継続時間」と定められました。何やら難しい測り方になりましたが、遷移時にセシウムから電磁波が放射され、この電磁波の周波数が 9 192 631 770 Hz であり、この周波数（振動数）の逆数である周期を 9 192 631 770 倍したのが 1 秒の定義です。この、9 192 631 770 という数字は、既に 1 秒間が定義されていたので、これにセシウム 133 原子が放射する「光の数」を合わせるとこの数字になったようです。

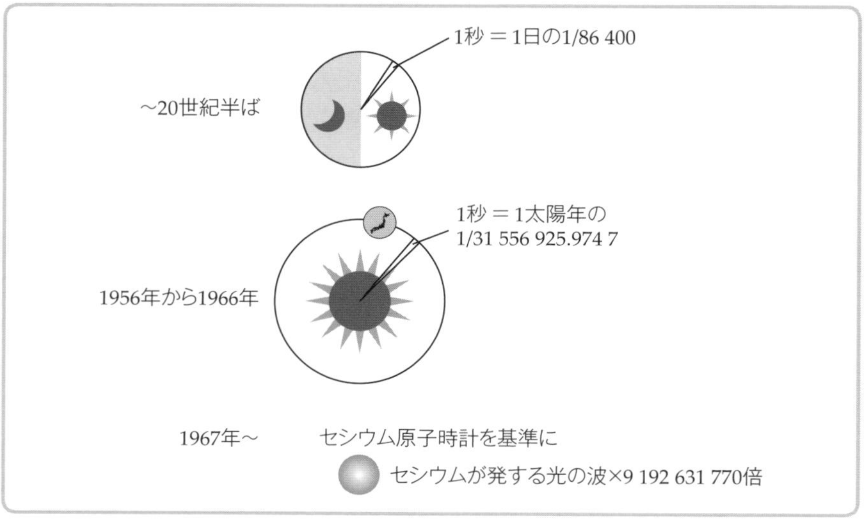

図13 時間の基準決定の歴史的な移り変わり

長さの基準にも光速が使われています。紀元前6000年ごろの古代メソポタミアでは、長さの基準を肘から指先までの長さを単位とし、これを1キュビット（ラテン語で「肘」）と名づけました。西洋ではこの単位を長い間使ってきましたが、その長さは土地の有力者や王の腕を基準としてきたことから、地域によって大きな差がありました。このため、精密な施工精度で知られるエジプトのピラミッドには、長短2種類のキュビットが用いられています。しかし、長さの違いは、暮らし、交易、産業、科学の発展を妨げ、たびたび争いの原因となっていました。

この問題を解決するために1795年のフランスで「パリを通過する北極から赤道までの子午線の長さの$1/10^7$を1mと定義する」法律が公布され、現在のメートル（ギリシャ語で「測る」）が基準となりました。これは、キュビットの2倍に近い長さになります。

その後、メートルの尺度には、クリプトン86元素が真空中で放つ橙色の光の波長を基に1mが規定され、さらにレーザー技術を用い、光速に合わせた「光が2億9 979万2 458分の1（1/299 792 458）秒間に進む距離」を1mとすることが決まりました。これにより、光速が距離を表す指標になったことから、光が到達するまでの時間を使えば、目標物までの距離を正確に測定することができるようになりました。

例えば、地球と月の間の距離を測るため、アポロ 11 号が月面に置いた「再帰反射器（コーナーキューブ）」に、地球からレーザー光を照射して往復の時間を測定すると、理論的な距離である **384 400 km** と一致することがわかりました。

✦ Column　星間の距離

星間は途方もなく離れていることからメートル単位で表そうとすると、数字を連ねることになってしまいます。そこで星間距離は光の速度を利用して桁を小さくします。

例えば、太陽までの距離は 1 億 5 000 万 km になりますが、光の速度で表すと 8.19 分かかります。したがって、おおよそ「8 光分」と表すことができます。このことから、いま届いている太陽からの光は 8.19 分前の光であるので、いま見ている太陽は8.19分前の太陽を見ていること考えることもできます。

また、より遠い星には光が 1 年かけて進む距離である「光年」（light year）という単位が利用されています。1 光年を km 単位で表すと、約 9.5 兆 km なので、例えば地球から「ひこ星」と「おりひめ星」までの距離は、16 光年と 25 光年であり、両者を隔てる距離は 9 光年分（85.5 兆 km）あることがわかります。

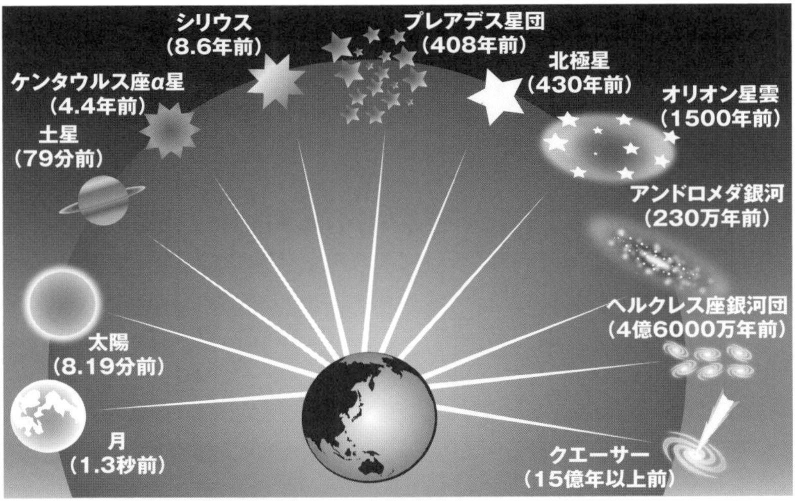

4-4 ✦ 光の性質

光はモノの中でどうなっているのか？

2-3 節で説明した通り、量子論的に考えると物質がもつそれぞれのエネルギーは「連続的変化ではなく離散的変化」と考えることができます。この考えを基に、物質を構成している原子に含まれる電子について、光が放射された際の振る舞いを考えてみましょう。

原子は原子核と電子で構成されています。この電子は、連続的ではなく離散的（とびとび）のエネルギーしかとれません。この離散的のエネルギーの状態を「エネルギー準位」といいます。電子は軌道に沿って配置される構造になっており、もともとは安定な状態で存在しています。この安定な状態を「基底状態」といいます。

例えば、この基底状態の電子（実際にはこの電子を含んでいる物質）へ光が照射されると、光のもつエネルギーが電子に受け渡されます（**図 14**）。その結果、物質側は励起（活性化）され、電子がより外側の空いている軌道に移動します。このとき、光のエネルギーは電子に移動することから消滅します。

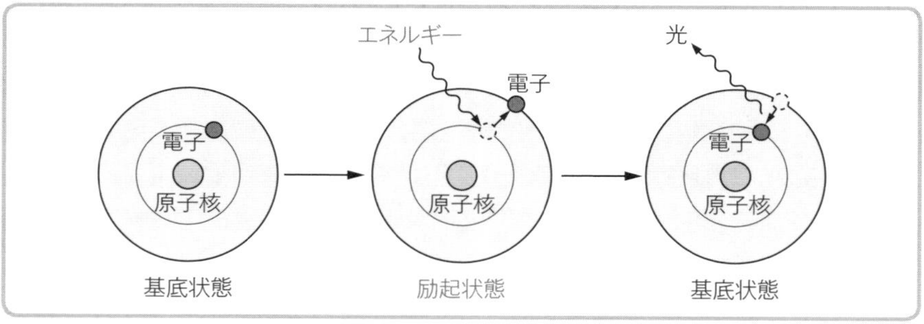

図 14　光が照射された物質の励起と遷移のイメージ。励起した原子は発光しながら遷移（安定）する。

結果として、光のエネルギーをもった電子はエネルギーの低い状態から高い状態に電子が移動することで安定になろうとします。このとき、低いエネルギー準位から高いエネルギー準位へ電子が移動することを「遷移」といい、高いエネルギー準位に遷移した後の状態を「励起状態」といいます。また、この一連の作用を、物質が光を「吸収」したと表現します。

ただ、せっかく高いエネルギー準位に遷移しても、このときの電子は不安定なので、内側の軌道の空席に戻ろうとします。すなわち、電子はエネルギーの高い状態から低い状態に遷移して安定化します。しかし、光から貰ったエネルギーを消費しなければ、エネルギーの低い状態に遷移することができません。この余分なエネルギーを光または熱として放出します。このとき、光でエネルギーを放出する現象を「発光」といいます。

光の吸収

物質にはそれぞれに固有のエネルギー準位があり、この物質が吸収できる光の波長は物質と相性があります。これを整理するため、各波長に対する物質の吸収の度合いをまとめた「吸収スペクトル」が用いられます。縦軸に吸光度(吸収の度合い)、横軸に波長を取ることで、物質固有のスペクトルを表すことができます。それでは、この吸光度とはどのようなものでしょうか？

ピエール・ブーゲ（1698–1758、フランス）は大気中を透過した光が減衰することを発見し、これを『光の段階について光学論考』（*Essai d'optique, sur la gradation de la lumière*）にまとめました。その後、ヨハン・ハインリッヒ・ランベルト（1728–1777、ドイツ）は、ブーゲがまとめた成果をさらに発展させ、吸光度は光の透過する長さに比例することを発見しました。これを「ランベルトの法則」といい、次式で表します。この法則は、ある溶液に光を透過させると、透過光のエネルギーは通る距離に対して「指数関数」的に減少することを表しています。

$$T=\frac{P}{P_0}=10^{-kb}$$

ここで、T は光の透過率、P は透過光の強度、P_0 は入射光の強度、k は定数、b は容器のサイズ（光路長）になります。

例えば、ある溶液が長さ b の容器に入っていたとします。そこにレーザーポインターを使って入射光 P_0 を長さ b の溶液の中を通過させると、出てきた光のエネルギーが20%減少したとします。さらに長さbの溶液をその先に設置し、そこも通過させると、最終的な出力光のエネルギーはもともとの入射光P_0の残り80%からさらに20%減少して出力されることになります。

その後、19世紀になるとアウグスト・ベール（1825–1863、ドイツ）が透過する物質濃度に応じて、光の強度が一定の割合で減少することを示しました。これの関係を「ベールの法則」といい、次の式で表されます。この式をランベルトの法則の式と見比べると、ランベルトの法則の距離の項が、溶液の濃度に置き換わっただけであることがわかります。

$$T=\frac{P}{P_0}=10^{-K'c}$$

ここで、K'は定数、cは溶液の濃度です。

このランベルトの法則とベールの法則を組み合わせると次の式になります。定数aはランベルトの法則のkとベールの法則のK'を合わせた定数で、吸収する光の波長と物質の性質に依存した固有の値となり、これを「吸光係数」といいます。

$$T=\frac{P}{P_0}=10^{-abc}$$

ここで、吸光度Aについて考えると、透過率Tを利用して、次の式に書き換えることができます。

$$A=-\log T=\log\frac{1}{T}=\log\frac{P_0}{P}=abc$$

Aが物質の濃度c、光路長bと正の比例関係にあることが見えてきますね。また、吸光係数に分子量を掛けた値を「モル吸光係数ε」といい、この値が大きいほど光を吸収する溶液ということになります。これをまとめると次の式となり、これを「ランベルト・ベールの法則」といいます。ランベルト・ベールの法則を用いれば吸光度が求まるわけです。

$$A=\varepsilon bc$$

現在では、吸収スペクトルの作成は、専用の分析機器を使うことで、短時間で簡単に作成することができます。溶液を分析機器にセットすると、単色光が溶液に順次照射され、このときの光の吸光度から吸収スペクトルを作図してくれます。

光の偏光

「偏光」と書かれたサングラスは、レンズの色が薄いのに強い太陽光下でも視界がクリアです。色が黒いほうが太陽からの光を遮断しそうですが、どうもそうではないようです。この偏光とは何でしょうか？　太陽から届く光の電界（磁界）の振動方向は、中心軸を中心として等方的に分布しており、時間に対して不規則な振動をしています。このような不規則な振動を自然光といいます。一方で電界および磁界が特定の方向に振動しながら進む光を直線偏光といいます。

この偏光を初めに予言したのは光の波動説を唱えたホイヘンスですが、その原理解明は、後の多くの研究者の努力の賜物です。それでは、自然界にはない光をどのように作るのでしょうか？　それには偏光板を用います。

図 15 上の図には、偏光板を用いた直線偏光の作り方を示しています。偏光板とは、ある一定の振動の光だけを通す、一種の光のフィルターと考えるとイメージしやすいと思います。一定の振動の光とはどのような光でしょうか？それは等方的に振動している光（さまざまな方向に伝播している光）から、ある直線方向の光だけを偏光板（直線偏光板）が通すことで、偏光を作り出すことができるわけです。このときの偏光は一方向に振動しているため完全直線偏光といいます。電界の向きが縦になったものを縦偏光、横になっているものを横偏光といいます。さらに、等方的な振動に対して、ある特定方向の振動面が他の振動面より強くなった状態を部分偏光とよびます。

縦方向の偏光板の先に、1/4 位相差板を置くと円偏光を作ることができます（**図 15** 下）。通常の光は自然光、直線偏光にかかわらず、電界と磁界は 90° の垂直位置の関係を保っています。しかし、この 1/4 位相差板に進入した光は、**図 16** に示すように、片方の波が 1/4 波長だけ遅れます。このため、出てきた光の振動は円の軌跡を描くことになり、円偏光になるのです。

縦方向の偏光板の先に、横方向の偏光板を置くと、光は 2 枚目の偏光板のところで止まることは予想できますよね。ただ、2 枚目の偏光板を 90° 回転させ横方向から縦方向にすると光は通るようになります。このように偏光板を回すことで光を止めたり通したりすることができます。

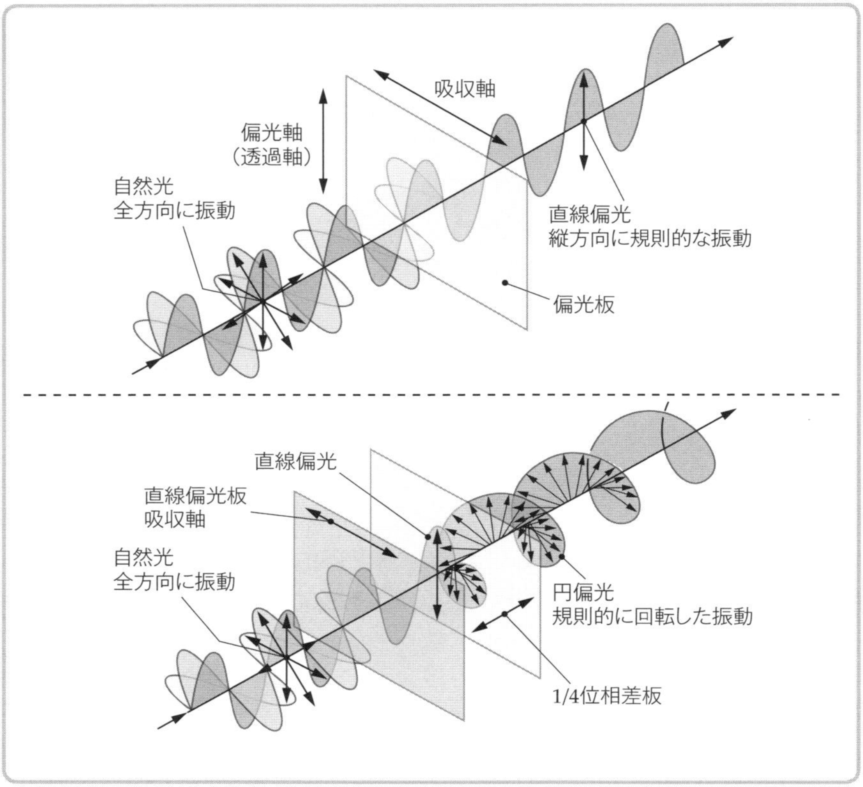

図 15 （上）自然光を偏光板で直線偏光に変えるイメージ、（下）自然光を偏光板で直線偏光に変えて 1/4 位相差板で円偏光に変えるイメージ。

実はこれ以外にも光の進行を制御する方法があります。ある特殊な分子は、その分子の配列の仕方で直線偏光の振動方向を「ねじ曲げる」ことができるのです。この特殊な分子を液晶分子といい、この液晶分子は電圧で分子配列を変えることができる特徴をもっています。そこで、このユニークな分子を縦方向の偏光板と横方向の偏光板の間に挟み、電圧を変えることで光を止めたり通したりすることができるのです（**図 17**）。この原理を利用したディスプレイを「液晶ディスプレイ」といいます。

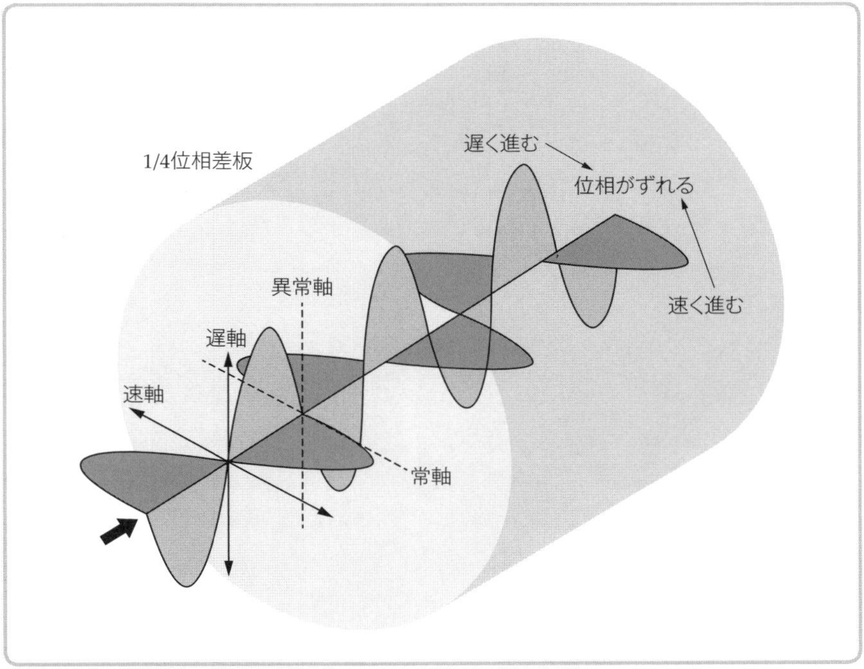

図 16 1/4 位相差板に進入した直線偏光が 1/4 波長ずれる様子のイメージ。

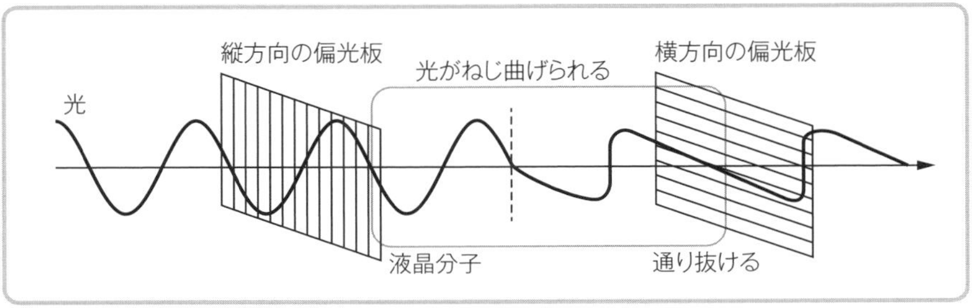

図 17 液晶分子の配列による直線偏光の振動をねじ曲げているイメージ。

光の圧力

ハレー彗星が地球に近づくと、「ほうき星」といわれるように、尾を引く様子が見られます。太陽にハレー彗星が近づいたことで、表面の氷が水蒸気になり、ガスが発生します。このガスがプラズマとなり、太陽風によって太陽と反対方向に流されます。これが尾のように見えることから、この尾のことを「プラズマテイル」といいます。このプラズマテイルは彗星が太陽に近づくにつれて次第に長くなり、常に太陽と反対側に向いています（**図 18** 左）。凧の尾が風になびく様子を見たことがあると思いますが、宇宙には空気がないのに、なぜ太陽風によって太陽とは逆方向へ尾を引くのでしょうか？　太陽と反対側に尾を引いていることから、太陽光から何らかの圧力が与えられていると予想できます。ですが、光は質量をもたないため、質量の影響はありません。

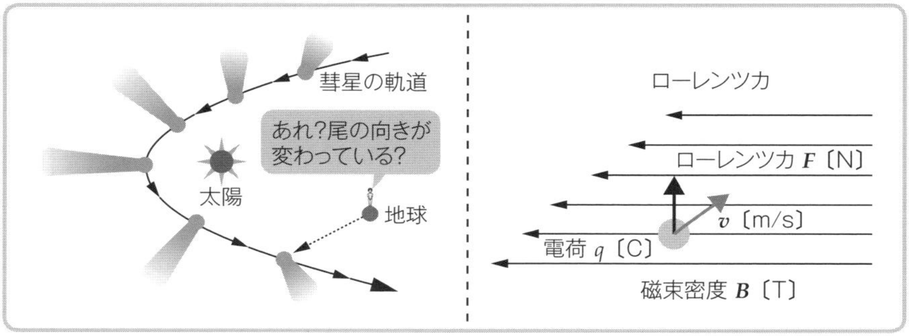

図 18　彗星の尾の向きの変化とローレンツ力のイメージ。（左）彗星の尾の向きは太陽と逆を向くことが知られている。（右）荷電粒子が磁界中を運動するとローレンツ力を受ける。

それではどんな理由なのでしょうか？　1-3 節では電磁波である光は電界と磁界が振動して伝播していることを説明しました。電磁波（光）が物体に当たると、物体中の電子は磁界から「ローレンツ力」を受けます。ローレンツ力とは、ヘンドリック・ローレンツ（1853–1928、オランダ）が提案した力で、荷電粒子が磁界中を運動するとき、磁界から受ける力を指します。

例えば、**図 18** 右のように、電荷 q〔C〕の荷電粒子が、速度 v〔m/s〕で磁束密度 B〔T〕の磁界中を、磁界と垂直な向きに運動するとき、電荷粒子にはローレンツ力 F〔N〕が働きます。この力は電磁波の進行方向と同じ方向に働く力なので、一つひとつの荷電粒子が受けるローレンツ力が重なって光の圧力となるのです。

太陽光の圧力（太陽光圧）そのものはきわめて弱く、地上では大気の圧力の 200 億分の 1 くらいしかありません。そのため重力や空気の抵抗、摩擦などに邪魔されて、地上では感じることはできません。

一方で重力や大気の摩擦などの影響を受けない宇宙空間ではどうでしょうか？　例えば宇宙航空研究開発機構（JAXA）は、ソーラーセイル（太陽帆）を用いた光の圧力で宇宙空間を進むことのできる実験用宇宙探査機 IKAROS（イカロス）を 2010 年に打ち上げました。イカロスの帆は、対角線の長さが 20 m もある正方形で、厚さはわずか 0.0075 mm のポリイミド樹脂でできています。帆の一部には薄膜の太陽電池を貼り付けて、太陽光から電力の発電を同時に行うことができます。太陽光圧力に加え、発電により得た電力で高性能イオンエンジンを駆動させ、ハイブリッド推進を実現できます。まさに、太陽から届く光の圧力をフル活用した、新しい宇宙船といえます。

重力レンズ

テレビで「光も飲み込むブラックホール」といった紹介をする番組がありました。しかし、「質量がない光」を、重力場であるブラックホールはどのように引き寄せるのでしょうか？

アインシュタインの一般相対性理論では、銀河などの質量をもつ天体（一般に物体）があると、その影響で周囲の時空が歪みます。この原理をブラックホールに当てはめると、ブラックホールの中心部分ではものすごく強い重力場が存在し、これによって近傍の空間は歪みます。光は空間に寄り添う性質があるため、歪んだ空間に沿って光も歪みながら進みます。光はあくまでも歪んだ空間に沿って「直進」をしているのですが、私たちは「光が曲がって」、ブラックホールに飲み込まれたように見えているのです。

このような空間の歪みと光の関係は天体観測でも現れます。質量の重い星の周囲の空間は歪むため、その先から届く光はこの星を迂回するように曲がって観測者に届きます。このような光の振る舞いを「重力レンズ効果」とよびます。

この重力レンズ効果によって、遠くの星から発せられた光は曲げられるので、その星を眺める観察者は、星が本来の位置ではなく、別の位置にあるかのように見えます（**図 19**）。実はこの重力レンズ効果はアインシュタインが予想しました。ですがアインシュタインは、科学者が実際にそれを観測するのは不可能だろうともいっています。しかし、今から数年前にハッブル宇宙望遠鏡がこの不可能と思われた観測に成功しました！　地球から約 18 光年離れたところにある白色矮星（太陽程度の質量の恒星が死ぬときにできる、小さくて高密度の星）が、その背後にある遠方の星からの光を曲げていることを観測したのです。まさに、重力レンズの存在を明確にした瞬間です。

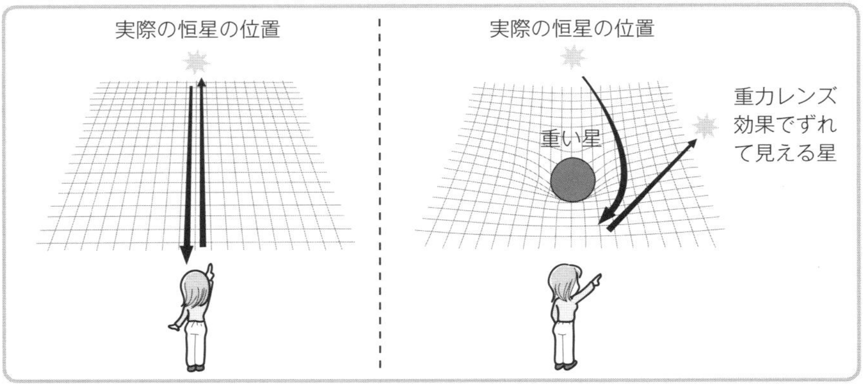

図 19　重力レンズ効果のイメージ。（左）重い星がない場合、（右）重い星がある場合、重量の重い星の先から届く光は、この星を迂回するように曲がって観測者に届き、観測者は別の位置に星があると錯覚する。

また、重力レンズ効果が起こる空間は、空間を歪めるほどの重力場なので、時間も遅らせます。例えば、地球と太陽で同時に時間を測ると、「太陽の質量は地球の質量の 33 万倍」なので、その時間は地球のものよりゆっくりと時を刻みます。また、東京スカイツリーの地上 450 m の展望台と地上階では、展望台のほうが 1 日当たり 4 ナノ秒（4×10^{-9} 秒）速く進んでいます。たった、数 100 m の高低差による重力の違いですが、正確な時間は必ず影響を受けるのです。

時間が遅れるというのは、光の周波数に大きな影響を与えます。周波数は単位時間（ヘルツの場合は 1 秒）あたりに繰り返される波の回数のことなので、この時間のずれは周波数の変化を引き起こすわけです。すなわち、星から発した光は、重力によって遅れた分だけ周波数が変化します。周波数が変わるということは、星から出ている光の色が変わることになり、このような現象を「重力による赤方変移」とよびます。銀河や星々の美しい写真を見たとき、本当の色は違うのかもしれません。

4-5 ✦ 生物と光

多くの植物は光をエネルギー源として、根から吸い上げた水と空気中の二酸化炭素から自分の体を作っていきます。育った植物は動物の栄養源となり、その繁栄を支えています。このことから、地球にいる生物を養う出発のエネルギーは「光」であると考えることができます。

植物はもともと光をエネルギー源として生活してきたのでしょうか？　大気が安定していなかった太古の地球では、単細胞バクテリアであるメタン生成細菌が「ブラックスモーカー」とよばれる海底の熱水をエネルギー源とし、水中のミネラルや有機物を栄養源として海底で繁栄していました。

あるとき、地殻変動などの影響で海底での生命活動が困難になり生命の淘汰が進みましたが、一部のメタン生成細菌は突然変異を起こしました。そして、この突然変異した生物は海底の熱水に変わる新たなエネルギー源として、当時の生命としてはエネルギーが強すぎて有害であった「光」を仕方なく選択することにしたのです（現在のシアノバクテリアの祖先）。

その後、このシアノバクテリアの祖先たちは、より太陽光が得られる海面に移動し、繁栄が進んだと考えられています（**図 20**）。ただ、海面は海底に比べミネラルや有機物が枯渇していたことから海水中の二酸化炭素（CO_2）や炭素（C）を栄養源として体を維持するようになりました。さらに、二酸化炭素から炭素を摂取した後に、残った猛毒の酸素（O_2）を、大気へ吐き出すように進化しました。

この吐き出された酸素は水中の鉄イオンを酸化させることで長らく消費されてきましたが、やがて海水中に錆びるものがなくなると大気中に溢れ出します。この大気中の酸素分子（O_2）は太陽から降り注ぐ紫外線によって酸素原子となり、これが結合してオゾン（O_3）となりました。太陽から届く光は、生物にとって有害なエネルギーでしたが、シアノバクテリアが排出し続けた酸素によってオゾン層ができ（高度約 10〜50 km ほどの成層圏に存在するオゾンの濃度が高い部分）、生物は高エネルギーの紫外線から悪影響を受けずにすんでいます。

また、弱まった紫外線は生物の進化を促す適度な刺激になっています。毒性学の父とよばれるテオフラストゥス・ホーエンハイム（1493–1541、スイス、別名パラケルスス）は、「すべてのものは毒であり、毒でないものなど存在しない。その服用量こそが毒であるか、そうでないかを決めるのだ」といっています。すなわち、物質は服用量によっては毒にも薬にもなるということです。この教えを紫外線に置き換えると、過度な紫外線は毒になりますが、シアノバクテリアが排出し続けた酸素によって適度な紫外線になり、生物の進化の薬になったとも考えられます。

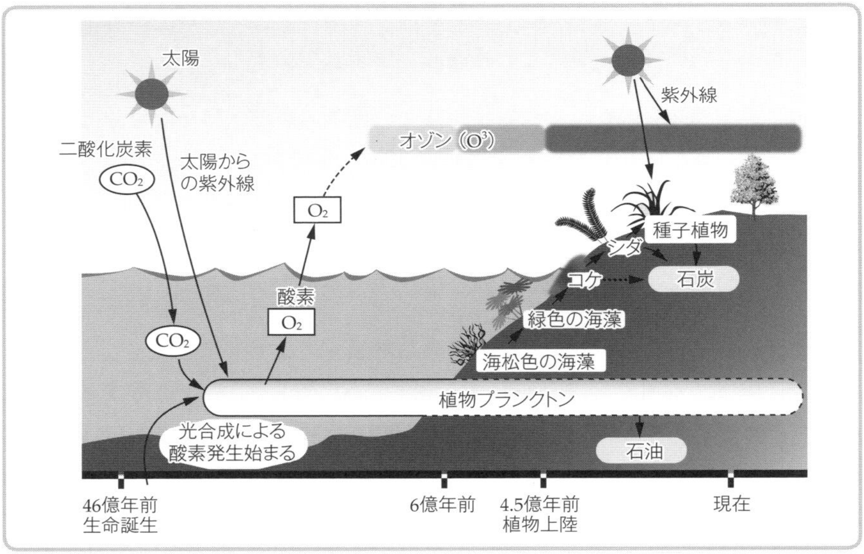

図 20　植物の進化とオゾン層形式。シアノバクテリアと光によって酸素が大気に充満し、その酸素がオゾンに変わることで有害な紫外線が地表に届かなくなり、生物が地上で暮らせるようになった。

現在の植物は、ポルフィリン環をもつ集光分子（クロロフィルなど）などが膜上に都合よく配置されていることで光合成を効率よく行うことができるように進化しました。元は有害なエネルギーであった光ですが、現在はその確保のための競争が激しく行われています。

また、植物は光を感じる光受容体という分子をもつことで、発芽、開花、茎の伸張、気孔の開閉、葉緑体の細胞内移動、光屈性のような植物の生活に必要な信号として光を使っています。私たち人間はこの性質を逆手にとって、管理された光を用いた植物工場で、必要な植物の成長を制御しています。

4-6 ✦ レーザー

「レーザー（laser）」とは、Light Amplification by Stimulated Emission of Radiation の頭文字をとった合成語で、その開発の歴史は 100 年以上続いています。ところで、レーザー光はどんな種類の光でしょうか？　「細い光」と考える人が多いと思います。ところで、なぜ細い光が出るのでしょうか？　本節ではレーザー光の特徴から説明することにします。

レーザーの特徴

普通の光とレーザー光の違いは何でしょうか？　ランプから出る光は、向き、波長、波の山や谷の位置がバラバラで、ランプから放射された光は四方八方に広がります。これを歌に例えると、部屋の中で大勢の人がバラバラに歌っている状態なので雑音に近くなります。

一方でレーザー（レーザー光を出せる装置）から放射された光は、広がることなく直進します。部屋の中で声をそろえて歌う合唱と例えることができます。規則的な光であるレーザー光は、「指向性」「単色性」「可干渉性」「高エネルギー密度」に特徴が見られる光です。そこで、ランプの光とレーザー光の特徴の違いを**表２**にまとめました。

レーザーはランプに比べ指向性がよい光源という性質があります。指向性とは、光源からの方向によって光の強度（密度）が異なる性質です。レーザー光は位相が揃った波であるため直進し、光源からの距離が遠くなっても広がりが少ないビームです。一方でランプは、あらゆる方向に光が分散します。この指向性を利用して、レーザーは位置や長さの測量計に使われています。このおかげで高層ビルや高速道路といった大きな建造物の工事でも正確に建築を進めることができます。

ランプの光も１色のように見えますが、プリズムを通すとさまざまな波長の光で構成されていることがわかります。一方でレーザーは一つの色（単一波長）を出す単色性の光源です。この単色性を利用して CD や DVD の読み書きに利用されています。単色性とは、決まった波長の光だけを出せるという意味です。

表2　ランプ光とレーザー光の特徴の違い

特徴	ランプ光	レーザー光
指向性（直進性）	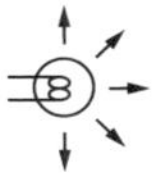 光が拡散	 光が直進
単色性	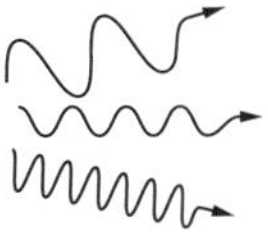 波長がバラバラ	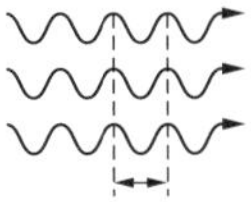 波長一定
可干渉性（コヒーレンス）	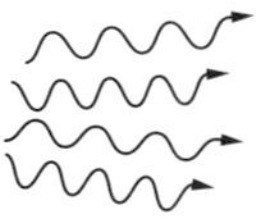 位相がバラバラ	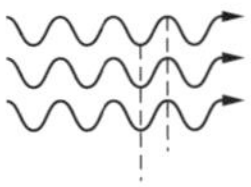 山と谷が揃っている
エネルギー密度性	屈折率が異なるため1点に集光できない 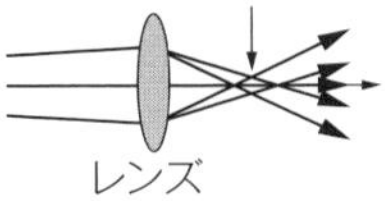 レンズ	集光性が高い 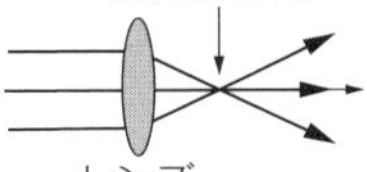 レンズ

CD や DVD の裏面には目には見えない凹凸（ピット）が刻まれており、この凹凸に情報が書き込まれています。レーザー光をディスクに照射すると、ピットによって反射光の強度が変化し、この強度から情報を読み取ります。これを解析して、音や映像の情報に変えて再生します。

レーザーは、光の波の「山と山や、谷と谷」または「山と谷」を時間的にそろえることができるため、山や谷を強め合う部分や、打ち消し合う部分を作ることができます。これによって光がある部分とない部分で構成された、干渉縞を作ることができます。この干渉縞の鮮明さを表す言葉として、「可干渉性」（コヒーレンス）という言葉が使われています。

普通の光は光の波の山と谷がバラバラですが、レーザー光は光の波の山と谷がそろっていています。このような光を干渉性が高い光といいます。

ランプの光はさまざまな波長から構成されているため、鋭く集めることが困難ですが、レーザー光は集約性・収束性が高く、狭い範囲に光を集めることができるため、高エネルギー密度な光を放射することができます。この高エネルギー密度を利用して、レーザー光で金属を切断したり、溶接をしたりといった加工に利用できます。なんとダイヤモンドの加工用にもレーザー光が使われています。

レーザーの発振原理

それでは、どのようにしてレーザーを発生させることができるのでしょうか？　4-4節に示したように、原子や分子は外部からエネルギーを受けると、そこに含まれる電子が基底状態（安定な状態）から励起状態（興奮状態）に変化します。励起状態になった電子は、すぐに基底状態に戻ろうとしますが、この戻る過程で光エネルギーを放出します（発光）。ただし、周りの原子（分子）に含まれる電子の中には、まだ励起状態のものも多いため、この放出されたエネルギーが励起状態の電子に衝突します。この発光による光の「刺激」を受けた別の原子や分子は、入射光と同じ波長、同じタイミング（波の山と谷がそろっている）、同じ振動方向（偏光方向）の光を、入射光と同じ方向に放出します。

原子が入射光に「つられて」光を放出する、この現象を「誘導放出」といいます。誘導放出された光は、さらに近くの励起した原子を刺激して、同じ光を放出します。一種のドミノ崩しのように、初めは一つのドミノでも、連鎖的に進むにつれ大きな作品になるように、誘導放出の連鎖によって生まれる光が「レーザー光」なのです。

次にレーザーの発振メカニズムについて説明します。例えばルビーは、光を照射したり電流を流したりしてエネルギーを与えると、ルビーを構成している大半の原子が励起状態になります（**図21**）。励起状態の原子がもとの状態に戻るときに光を放出しますが、これが刺激となって連鎖的に誘導放出が起こります。光はレーザー媒質の両側に設置された鏡で反射され、レーザー媒質中を何度も往復し、誘導放出の連鎖はさらに続き、光はどんどん増幅されていきます。片側の反射鏡は、光を一部だけ通す特殊な反射鏡になっているので、ここから増幅されたレーザー光が外に出ていきます。

現在では、さまざまな種類のレーザーが、その用途に合わせて開発され、日

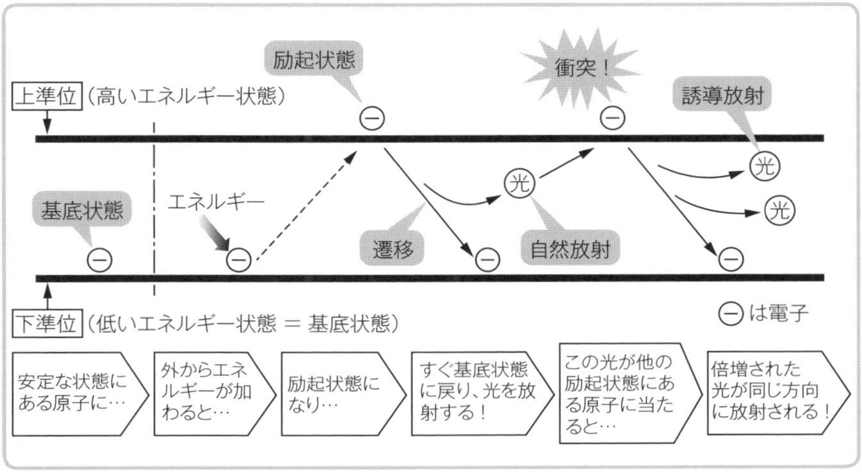

図21 レーザー光が発生するメカニズム

表3 レーザー媒質（光の素）の種類とその特徴の分類

レーザー媒質の種類	特徴
固体レーザー	媒質が固体のものを「固体レーザー」とよびます。クロムを添加したルビー結晶による「ルビーレーザー」やイットリウムを他の希土類元素で置換した「YAG レーザー」、ガラスレーザーなど、さまざまな種類があります。
ガスレーザー	媒質が気体のものを「ガスレーザー」とよびます。「炭酸ガスレーザー」「ヘリウムネオンレーザー」「アルゴンイオンレーザー」「エキシマレーザー」などがあります。
液体レーザー	媒質が液体のものを「液体レーザー」とよびます。「色素溶液」を用いるものが多く、レーザーの利点は使用する色素や共振器の調節によって発振波長を自由に、連続的に選択できます。
半導体レーザー	媒質が半導体のものを、固体レーザーとは区別して「半導体レーザー」または「レーザーダイオード（LD）」とよびます。レーザーポインターや CD 読み取りなど、低出力のレーザーに使われています。

常生活から産業まで広域に使われています。レーザーの種類とその特徴を**表3**にまとめました。

レーザー技術開発の歴史

誘導放出の理論は、アルベルト・アインシュタインが 1916 年に発表し、人工的に光が放出できる誘導放出の意識が世界中で高まりました。その後、1939年にバレンティン・ファブリカント（1907–1991、ロシア）が誘導放出の使い方を理論化し、これを基礎として1950年にチャールズ・タウンズ（1915–2015、アメリカ）、ニコライ・バソフ（1922–2001、ロシア）およびアレクサンダー・プロクロフ（1916–2002、ロシア）が誘導放出の量子理論を発表しました。彼らはこの画期的な研究が認められ、後にノーベル物理学賞を受賞しています。

1959年、当時コロンビア大学の大学院生であったゴードン・グールド（1920–2005、アメリカ）が、光の増幅に誘導放出が利用できると提唱しました。彼はコヒーレンス的な光の細いビームを生成できる光共振器の概念を示し、それを「放射の誘導放出による光増幅（LASER）」、つまりレーザーと名付けました。さらに1960年にはセオドア・メイマン（1927–2007、アメリカ）が、レーザー媒質に合成ルビーを使用した最初のレーザーを試作しました。「レーザー媒質」とはレーザーの発振において、吸光を上回る速度で誘導放出を起こし、光を増幅する物質を指します。その後、1963年にAT & Tベル研究所のクマール・パテル（1938–、アメリカ）が高価なレーザー媒質である合成ルビーから安価なレーザー媒質である炭酸ガス（CO_2）を用いたレーザーを開発し、このCO_2レーザーの出力を向上させる試みが続きました。

✦ Column　メーザー？

実はレーザーの開発の以前に、マイクロ波領域の電磁波を用いたメーザー（MASER：Microwave Amplification by Stimulated Emission of Radiation）が開発されました。このマイクロ波領域を扱うメーザーを光の領域に置き換えた現象がレーザーです。光より電波の方が先に開発されていたのは驚きですね。

✦ Column　レーザーの安全基準

電磁波は安全なの？　と思われる人は多いと思います。私たちは太陽や照明などから毎日光を浴びていますが、それを危険と感じたことはありません。光を使うにあたって安全に対する注意はあるのでしょうか？

例えば、レーザー光は、たとえ小さな放出量であってもパワー密度が高く、人体に有害となる場合があります。このため、例えば日本ではレーザー製品の使用に対して、国際電気標準会議（IEC）の基準をもとに日本産業規格「レーザー製品の放射安全基準」JIS C 6802 が規定されています。JIS C 6802 ではレーザー製品をその危険度に応じてクラス分けし、クラスごとに必要とする安全対策を規定しているので、これを参考に安全の確保をすることができます。レーザー光の安全基準は各国や地域により異なります。したがって、使用する場所に応じてその対応をすることが必要です。また、取扱場所ではレーザーラベル（警告ラベル）などを表示し、第三者へ使用を明示する必要があります。

表3 レーザー製品のクラス

クラス	危険評価の概要	レーザーラベル
クラス 1	設計上本質的に安全である。	不要
クラス 1M	低出力（302.5～4000 nm の波長）。ビーム内観察状態も含め、一定条件の下では安全である。ビーム内で光学的手段を用いて観察すると、危険となる場合がある。	必要
クラス 2	可視光で低出力（400～700 nm の波長）。直接ビーム内観察状態も含め、通常目の嫌悪反応によって目の保護がなされる。	不要
クラス 2M	可視光で低出力（400～700 nm の波長）。通常目の嫌悪反応によって目の保護がなされる。ビーム内で光学的手段を用いて観察すると、危険となる場合がある。	必要
クラス 3R	可視光ではクラス 2 の 5 倍以下（400～700 nm の波長）、可視光線以外ではクラス 1 の 5 倍以下（302.5 nm 以上の波長）の出力。直接ビーム内観察状態では、危険となる場合がある。	必要
クラス 3B	0.5 W 以下の出力。直接ビーム内観察をすると危険である。ただし拡散反射による焦点を結ばないパルスレーザー放射の観察は危険ではなく、ある条件下では安全に観察できる。	必要
クラス 4	高出力。危険な拡散反射を生じる可能性がある。これらは皮膚障害をもたらし、また、火災を発生させる危険がある。	必要

4-7 ✦ メタマテリアル

メタマテリアルという言葉を聞いたことはありますか？　この数年、さまざまな学会誌、雑誌、新聞記事などで取り上げられ「負の屈折率」「透明マント」「完全レンズ」などの、夢のような技術が実現できるかもしれないといわれています。メタマテリアル（metamaterial）という名前は、meta（ギリシャ語で「超える（beyond）」）と material（物質）からできた造語で「性質を人工的に変化させた物質」と定義することができます。

1-6 節で解説した屈折率ですが、これが「負」となるというのはどんなものでしょうか？　屈折率 n は、次式に示すように真空中の光速度 c を媒質中の光速度 v（より正確には位相速度）で割った値で表すことができます。さらに真空中または材質の透磁率と誘電率から求めることもできます。したがって、材料の誘電率、透磁率が負である材料であれば「負の屈折率」になるわけです（**図 22**）。

$$n=\frac{c}{v}=\frac{\sqrt{\varepsilon}\sqrt{\mu}}{\sqrt{\varepsilon_0\mu_0}}$$

ここで、ε、μ は材質の誘電率、透磁率、ε_0、μ_0 は真空の誘電率、透磁率です。

このことを初めに考えたのは、ヴィクトル・ゲオールギエヴィチ・ヴェセラゴ（1929–2018、ロシア）です。ヴェセラゴは「負の屈折率をもつ物質」がどこかにあるのではないかと予見し、比誘電率と比透磁率がともに負である、「ダブルネガティブ」をもった自然界の物質の存在を追い求めました。しかし、そんな物質は見つからず、彼の研究は長い間、歴史から埋もれることになります。

ところが、20 世紀末にジョン・ペンドリー（1943–、イギリス）とデイヴィッド・スミス（アメリカ）は、波長よりも小さな金属のリングに切れ目を入れた「分割リング共振器（Split-Ring Resonator：SRR）」を考えました。磁界がリング面を貫くとマックスウェルの方程式に従って、リングに誘導起電力が生じ、リングを周回する電流が流れることによる磁気応答を示すことを理論的に予測したのです。

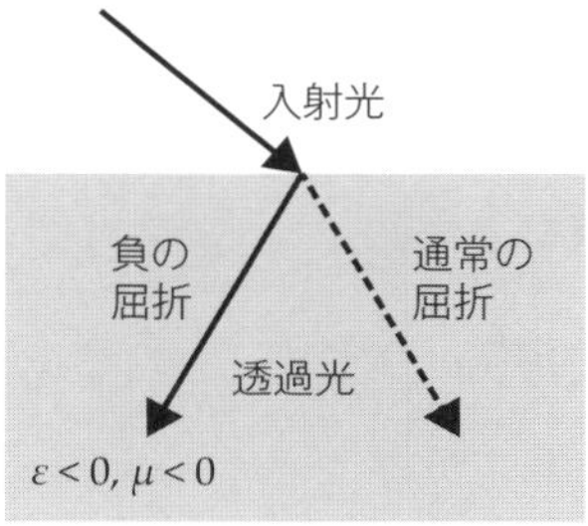

図22 （左）ダブルネガティブをもった材料に侵入した光の正または負の屈折率のイメージ。（右）誘電率および透磁率の正負による特徴

さらに金属ワイヤーを用いることで誘電率も制御できることがわかりました。ダブルネガティブの物質が自然界になければ、あたかも結晶のように小さなSRRと金属ワイヤーを並べればいいと考えたわけです。実際にマイクロ波域に対してダブルネガティブを実現できるかを試すと（**図23**）、見事にダブルネガティブを達成できました。この人工構造物が「メタマテリアル」と名づけられました。

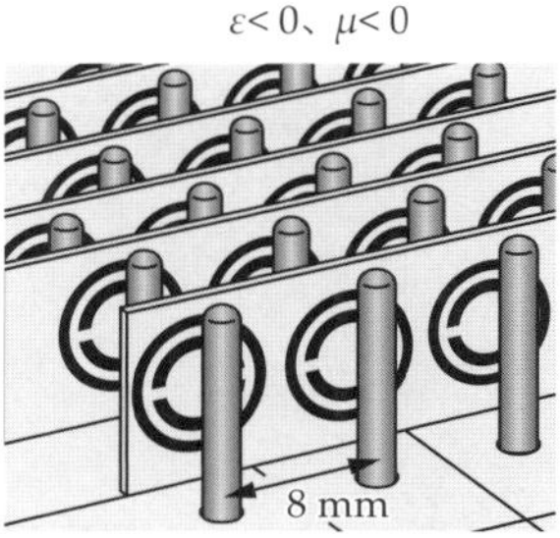

図23 マイクロ波（5GHz）に対して負屈折率を示すメタマテリアル。SRRとワイヤー媒質を組み合わせたもの

現在、電波より短い波長の光に対するメタマテリアルが試作されており、基礎研究が続けられています。もし、光に対してのメタマテリアルが実現されれば、レンズの回折限界（波長程度よりも細かい構造は結像できない）の制限を破り、波長よりも細かい構造を結像できる完全レンズが可能になります。

一方で隠したい物体をメタマテリアルのマントで覆うと光が周回して避けるため、一種の「透明マント」（クローキング）を作ることができます。また、クローキングシートをビルの壁面に貼れば、電波障害を避けることもできます。軍事領域で使えばステルス戦闘機のような物騒なことになります。

メタマテリアルによる応用例のアイデアを**図 24** に示しました。

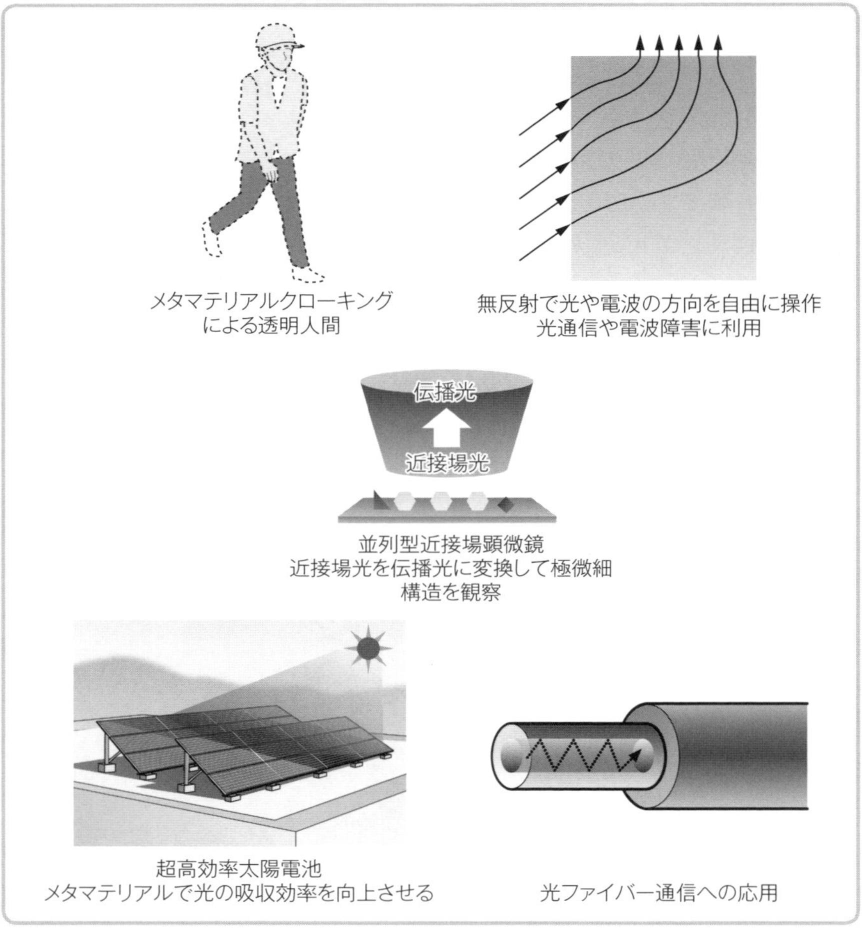

図 24　期待されるさまざまなメタマテリアルの応用例

参考文献

江馬一弘：『光物理学の基礎』、朝倉書店（2010）
堀越　智、萩行正憲、田中拓男、高野恵介、上田哲也：『図解　メタマテリアル　常識を超えた次世代材料』、日刊工業新聞社（2013）
堀越　智、谷　正彦、佐々木政子：『図解よくわかる電磁波化学 ―マイクロ波化学・テラヘルツ波化学・光化学・メタマテリアル―』、日刊工業新聞社（2012）
阿部 龍蔵：『はじめて学ぶ熱・波動・光』、サイエンス社（2007）
長村 利彦：『化学者のための光科学』、講談社（2011）
井上 伸雄：『電波と光』、ベレ出版（2018）
岡村 康行：『光への招待』、森北出版（2000）
『科学雑誌 Newton　光速 c』ニュートンプレス（2016）
江馬一弘：『光とは何か？―みるみるよくわかる』、ニュートンプレス（2010）
『科学雑誌 Newton　光と色のサイエンス』ニュートンプレス（2015）
キヤノンサイエンスラボ・キッズ、https://global.canon/ja/technology/kids/
フォトンてらす、https://photonterrace.net/ja/
光と色と、https://optica.cocolog-nifty.com/blog/2020/05/post-9646.html
光の歴史、https://www.osaka-kyoiku.ac.jp/~masako/exp/newton/rekisi.html

5章

電波

1895年8月にグリエルモ・マルコーニが無線通信用に開発した、モノポールアンテナを備えた最初の無線送信機（レプリカ）です。このような技術開発を経て、現在の無線通信技術は多くの人々に利用されています。（5-2節参照）。

［図の出典：Guglielmo Marconi: “Looking back over thirty years of radio,” Radio Broadcast magazine, Doubleday, Page, and Co., New York, Vol. 10, No. 1 (November 1926), p. 31］

5-1 ✦ 電波とは

電波の定義

電磁波の中の電波は法律によって定義されており、例えば日本の電波法の第二条第一項では「電波とは、三百万メガヘルツ以下の周波数の電磁波をいう。」と定められています。

三百万メガヘルツとは 3 000 000 MHz、つまり 3 THz のことです。ここで M（メガ）は 10^6、T（テラ）は 10^{12} を表す SI 接頭辞です（1-4 節の表 2 参照）。つまり、「周波数 3 THz 以下、あるいは真空中において約 100 μm 以上の波長の電磁波が電波」ということです。ただし、電磁波は電波を包含しているので、電波のことを電磁波とよぶこと自体は差し支えありません。

再び光と電波

これまでに、光も電磁波の一部とみなすことができることを示しました。ただし、光は粒子（光子）としての性質が強く、逆に電波では電磁波の粒子性というものは全く考慮されません。量子論を述べたところ（2-3～2-4 節参照）で説明はしたものの、実際には光子のエネルギーが周波数に比例（波長に反比例）することから、光よりも圧倒的に周波数の低い電磁波においては、そもそも粒子性に起因する物理現象をほとんど当てはめることができないのです。この観点でいえば、電波は十分に波長の長い電磁波ということになり、現時点で電波を応用する際に、「電波の粒子性」に関しては考慮する必要がありません。

以上について、周波数（波長）を横軸にとった際の電磁波と電波と光の区別を**図 1** に示します。光領域に傾斜をもたせているのは、周波数が高くなるほど光子のエネルギーが大きくなるという意味合いをもたせています。なお、周波数が 0 Hz の場合は「直流」とよばれ、0 Hz は電波（電磁波）には含まれません。周波数が 0 Hz ということは 1 秒間の波の振動数が 0 回になるので、それはもはや「波」ではなく、時間変動のない一定値となるからです。

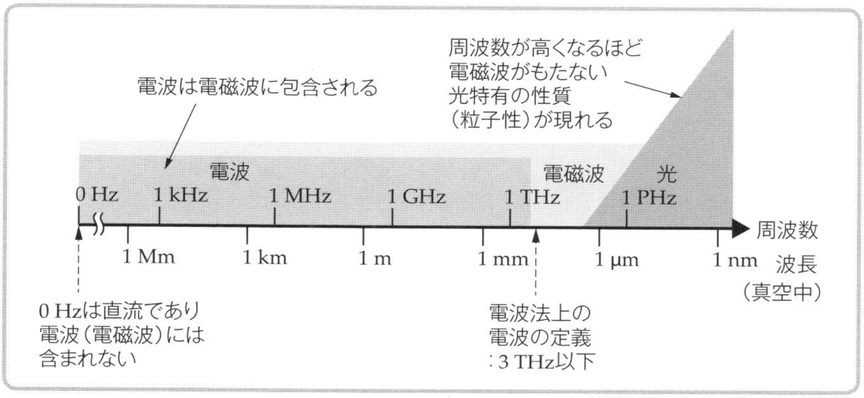

図 1　周波数（波長）に対する電磁波と電波と光の区別。光領域の周波数に対する傾斜は、周波数が高くなるほど光子のエネルギーが増えるとともに、電磁波がもたない光特有の性質が大きくなることを意味する。

電波の利用例

日常よく使われている電波の利用例を**図 2** に示します。多くの電波は 10 kHz～100 GHz の範囲で利用されています。特に 100 MHz～100 GHz の範囲には、地上デジタルテレビ放送、携帯電話などの無線通信（Wi-Fi、Bluetooth なども含まれる）、電子レンジ、衛星通信・放送、車載レーダーなどなど、さまざまな分野で利用されており、世界中で最も混雑している周波数帯です。他にも、低い周波数帯では AM/FM ラジオや IH 調理器、高い周波数帯では遠赤外線ストーブなどが挙げられます。

さて、この図の中に 50/60 Hz の商用電源が含まれているのは、もしかしたら違和感があるかもしれません。確かに商用電源は電波としては利用しておらず、電線を伝って流れる電気を利用しているだけです。しかしながら、例えば高圧送電線を流れる電流によって送電線周辺には磁界が発生し、その発生磁界の時間変化によって電界が発生して……、という電磁気的な現象は常に起きています。よって、物理的な観点でみれば、50/60 Hz の商用電源であっても電磁波としての側面をもっています。

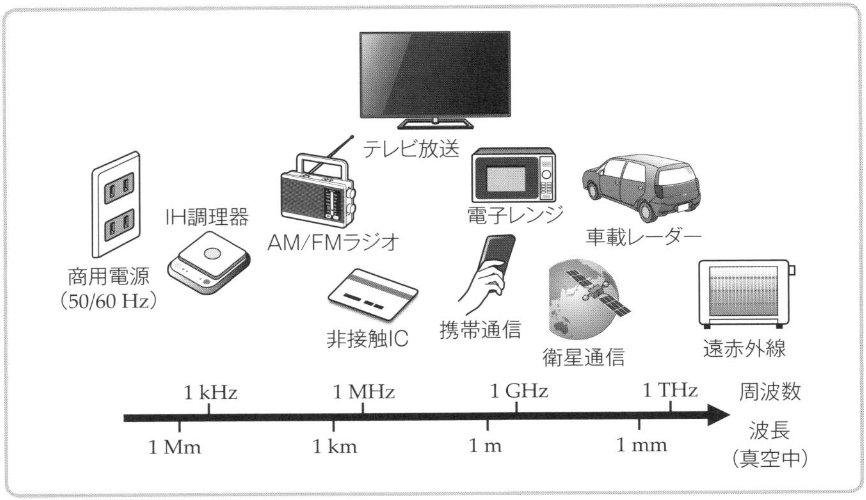

図2 **日常よく使われている電波の例**

平面波

図1では周波数を用いて電波を分類しましたが、電波は「偏波」という別の観点で分類することもできます。ここで、偏波について説明する前に電波が進む方向に対する電界および磁界の向きについて説明しておきましょう。

無限に広い空間中を伝播する電波を考えるとき、最も理解しやすい簡単な伝播として「平面波」とよばれるものがあります。平面波には電波が進む方向と電界ベクトルの方向、磁界ベクトルの方向の関係性に決まりがあって、**図3**のように右手の指を構えたときの親指方向が電波の進む方向（伝播方向）、人差し指が電界ベクトルの方向、中指が磁界ベクトルの方向と定義されます。これは、3-3節で説明したポインティング・ベクトルと電界ベクトル、磁界ベクトルの関係の右手の図と同じです。

これを三次元直交座標系で表すなら、電界ベクトルの方向がx軸、磁界ベクトルの方向がy軸、電波の伝播方向がz軸となり、電界ベクトルと磁界ベクトルと伝播方向のそれぞれが互いに直交している関係ということができます。つまり、平面波において電界が発生する方向をx軸といったん決めてしまえば、電界はx方向の成分しかもたない（y方向やz方向には電界が発生しない）し、

磁界は y 方向の成分しかもたない、この平面波は z 方向にしか進まないということです。

電磁波は球面上に広がる性質をもつため、平面波は厳密には存在しえない概念的なものですが、波源から十分遠くに離れた場所であれば電磁波を平面波で近似しても差し支えない場合が多く、平面波を用いることで電磁波の伝播を見通しよく議論することができます。

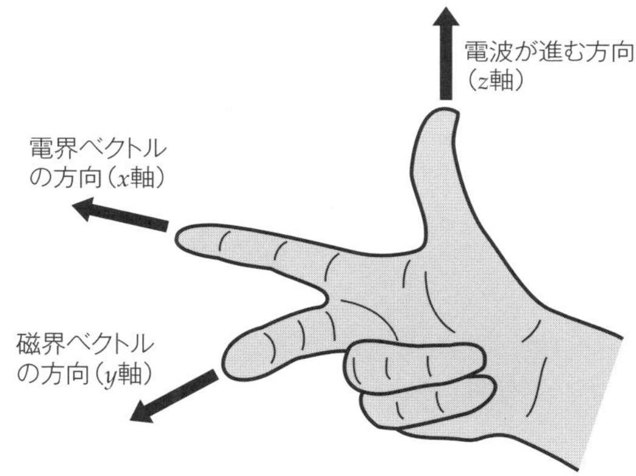

図 3　平面波が進む方向（伝播方向）と電界ベクトルの方向と磁界ベクトルの方向の関係性

三つの偏波

それでは、平面波を理解できたところで偏波について説明しましょう。いま、電波の伝播方向を三次元直交座標系の z 方向に固定します。このとき、偏波は**図 4** に示すように「直線偏波」「円偏波」「楕円偏波」の三つに大別されます。それぞれの偏波について見てみましょう。

■直線偏波

まず直線偏波は、**図 4**(a)のように電界ベクトルの大きさが直線状に時間変化する偏波のことです。図では電界ベクトルを x 軸上に置いたので、電界ベクトルは x 成分のみをもち、その大きさが正弦波的に時間変化します。また、電

波の伝播方向を z 方向に固定したので必然的に磁界ベクトルも y 軸上に固定され、磁界ベクトルの大きさも電界ベクトルと同様に正弦波的に時間変化します。なお、電界ベクトルと磁界ベクトルの大きさの時間変化には決まり事があり、これらの大きさの比が一定となるように変化します。この比のことを「波動インピーダンス」あるいは「電波インピーダンス」とよびます。

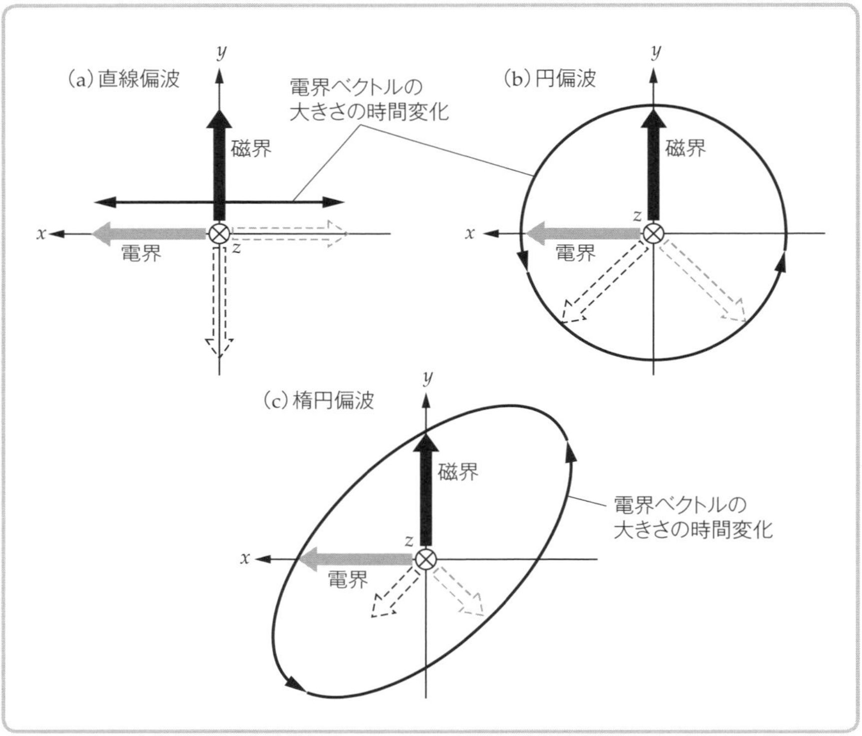

図4 偏波の種類。(a) 直線偏波、(b) 円偏波、(c) 楕円偏波

さらに直線偏波の特別な場合として「垂直偏波」と「水平偏波」とよばれる偏波があります。垂直および水平は、電波の伝播方向が地面と平行になる場合において電界ベクトルが地面に対して垂直か平行かで定義されます。電界ベクトルの向きが地面に対して垂直であれば垂直偏波であり、AM ラジオ放送は垂直偏波を利用しています。一方で、電界ベクトルの向きが地面に対して平行であれば水平偏波であり、FM ラジオ放送や地上デジタルテレビ放送の多くは水平偏波を利用しています。なぜ垂直偏波とか水平偏波を定めるのかというと、これらの放送電波を受信するためのアンテナを偏波方向に合わせる必要があるからです。

図5は、地上デジタルテレビ放送の受信用アンテナとして広く使われている八木・宇田アンテナを垂直偏波に対して設置した場合（左）と水平偏波に対して設置した場合（右）を示しています。図のように偏波に対してアンテナを揃えて設置しないと、放送局から届く電波をちゃんと受信することができないのです。例えば、水平偏波で伝播している地上デジタルテレビ放送に対して垂直偏波方向に受信アンテナを設置すると、受信電力が大幅に低下してテレビが映らない恐れが出てきます。このことから、電磁波の偏波というものは実用上においても、きわめて重要な性質の一つです。

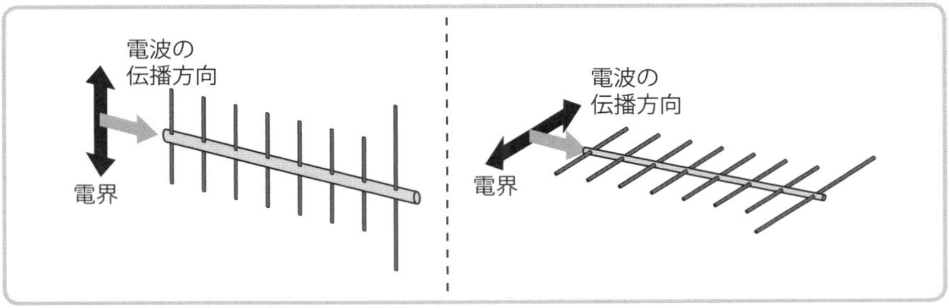

図5　地上デジタルテレビ放送の受信用アンテナの種類。（左）垂直偏波と（右）水平偏波。電界ベクトルの向きに沿ってアンテナ（八木・宇田アンテナ）を設置しないと地上デジタルテレビ放送をちゃんと受信できない。

■円偏波

次に円偏波は、**図4**(b)のように電界ベクトルの大きさが一定のままで、その向きがグルグルと回転するような偏波として表すことができます。ここでは電波の伝播方向を z 方向に固定しているので、電界ベクトルがグルグル回るということは磁界ベクトルも同じようにグルグル回るということです。ただし、平面波においては電界ベクトルと磁界ベクトルの直交関係は常に成立するので、電界ベクトルと磁界ベクトルのなす角を 90° に保ったまま電磁界が回転しながら伝播することになります。また、電磁界が1回転する時間の逆数は電波の周波数に一致します。

さて、電磁界が回転するといっても回転方向には右回りと左回りの2種類があります。**図4**のように電波の伝播方向を紙面に向かう方向に設定したとき、電磁界が左回り（反時計回り）に回る場合を「左旋円偏波」、電磁界が右回り（時計回り）に回る場合を「右旋円偏波」とよびます（電波の伝播方向を逆向きにするとすべてが反対回りになってしまうので注意しましょう）。

円偏波が利用される代表例は、衛星と地上間の通信や衛星放送です。地上であれば、送信アンテナや受信アンテナを地面に固定できるので、直線偏波（垂直偏波や水平偏波）を使っても特に問題なく、送受信アンテナの偏波に揃えて設置すれば問題ありません。ところが人工衛星となると、直線偏波で宇宙から送信されても、その電磁波の偏波が水平なのか垂直なのかどっちを向いているのか非常にわかりづらいことになります。このような場合、送信電波を最初から円偏波にしておけば受信アンテナをどのような回転角度で設置しても電波のほうが勝手にクルクルと回っているので、受信アンテナを電磁波の伝播方向に向けるだけで電磁波を受信することができます。

ただし、垂直偏波と水平偏波のときと同様に、左旋円偏波と右旋円偏波もそれぞれ専用のアンテナを設置しないと、まともに電磁波が受信できません。このことは衛星放送間の混信を防ぐことに役立っています。

例えば、日本の衛星放送の多くは右旋円偏波が使われていますが、近年になって衛星放送用の周波数（チャンネル）が不足してきたため、4K放送や8K放送の一部には左旋円偏波が利用されています。このような場合、受信アンテナの偏波を左旋円偏波と右旋円偏波で切り替えることによって、その偏波に合った衛星放送を受信することができます。厳密には異なるチャンネルの衛星放送を同一の周波数をもつ電磁波で送信しているわけではありませんが、偏波の違いを利用することによって密接した衛星放送チャンネル間の混信を少しでも防ぐための工夫をしているのです。

ちなみに、垂直偏波と水平偏波の出力タイミングを上手にずらして両方を送信すれば、右旋円偏波や左旋円偏波を作り出すことができます。逆に、右旋円偏波と左旋円偏波の出力タイミングをうまく合わせて両方を送信すれば、直線偏波を作り出すこともできます。また、直線偏波用アンテナで円偏波を受信することも原理的には可能です。ただし理論上の受信電力の大きさが半分になるので、得策ではありません。逆に円偏波用アンテナで直線偏波を受信することも原理的には可能ですが、こちらも理論上の受信電力の大きさが半分になります。

■楕円偏波

最後に**図 4**(c)に示した楕円偏波ですが、これは電界ベクトルの大きさが変化しながらベクトルの向きも回転するという偏波になります。楕円偏波が一般社会で利用される事例はほとんどありませんが、直線偏波や円偏波が楕円偏波の特殊事例ともいうことができるので、最後に紹介しておきました。

✦ Column 電波法

光ではレーザーの使用に対して安全基準が設けられています（4-6 節コラム参照)。それでは、電波はどうでしょうか？　電波は無線通信で使われているため、電波の混信や妨害を防ぎ、電波の効率的な利用を確保するために電波法（法律）が制定されています。

例えば、マイクロ波を加熱源で用いる場合も同様で、マイクロ波装置の設置には電波法第 100 条の規定により、その設置者は必要書類を揃え各地方の総合通信局に設置許可の申請をしなければなりません。最近マイクロ波を利用した化学反応装置の販売が盛んに行われておりますが、この場合でも使用者は申請を行う必要があります。

それでは、ウチの電子レンジも申請が必要なのか？　と思われる人もいると思います。ご安心ください。家庭用電子レンジのうち出力 1 kW 以下の物で、総務大臣が一定の条件に適合すると認め、型式を指定したものが販売されていて、これは型式認定をすでにメーカーが行っているため、許可申請は不要です。

5-2 ✦ 電波利用の歴史

無線通信の始まり

電波を産業応用として実用化することに大きく貢献したのはグリエルモ・マルコーニ（1874–1937、イタリア）です。マルコーニは、1895 年に 10 m 離れたベルを電波で鳴らす実験に成功し、これが無線通信（無線電信）の最初といわれています。これ以前の電気通信は有線を使用したものだけで、その歴史も 1845 年ごろからヨーロッパやアメリカで始まりました。その後、1876 年にアレクサンダー・グラハム・ベル（1847–1922、イギリス）が電話を発明し、広く人々に広まりました。つまり、無線通信の始まりは有線通信から約 50 年後で、電磁波の存在が証明されてから 7 年後になります。

黎明期の無線通信は、電波を利用しているとはいっても、いまのような音声や画像を送受信するような高度なものではなく、火花式とよばれる送信機で行っていました。火花式とは、狭い隙間をもった電極間に高電圧を印加することによる火花放電を利用したもので、放電時に瞬間的に発生する電波が無線通信の媒体となります。よって、高度な通信を行うことは難しく、せいぜい電波が発生する時間を長くしたり短くしたりできる程度でした。

この火花式送信機はモールス信号とよばれる通信方式に利用され、長く発生した電波を「ツー」、短く発生した電波を「トン」として、ツー／トンの組み合わせを文字などに変換することによって、メッセージなどの情報を送信しました。1901 年にマルコーニが世界初の大西洋横断無線通信（その距離、約 2 700 km！）を実施したときも火花式送信機を使っていたことは驚きです。

世界初のラジオ放送

その後 20 世紀初頭から、電弧式および発電機式の送信機が開発されました。電弧式はアーク放電という放電現象を利用したもので、火花式との最大の違いは、単一周波数の電波が連続的に得られる点です。これにより、電波に音声などの情報をのせて送信することが可能になり、無線電話の研究開発も行われていたようです。しかし、電弧式は広い周波数範囲で雑音が発生するなどの欠点も多かったため、きわめて短期間しか利用されませんでした。

電弧式に変わって登場した送信機は発電機式で、発電機のロータ（回転子）を高速回転させて電波を発生する仕組みです。通常の発電機では、例えば日本なら周波数が 50 Hz ないし 60 Hz となるようにロータの回転数を調整して、電波エネルギーを発生し、商用電源として利用します。これを高速回転させると 10 kHz 帯程度まで周波数を高くすることができ、この電気エネルギーをコイルで検出することにより電波として発生させることができます。

初期の発電機式送信機はアメリカのゼネラル・エレクトリック社で研究開発され、それを利用したレジナルド・オーブリー・フェッセンデン（1866–1932、カナダ、**図 6**）により、1906 年に発電機式送信機を用いた初の音楽放送が試験されました。これが、世界初のラジオ放送といわれています。翌 1907 年には、320 km 先まで無線通信で音声を届けることに成功しました。

図 6　レジナルド・オーブリー・フェッセンデン。世界初のラジオ放送を試験した。

真空管の登場

発電機式送信機とほぼ同時期に真空管式の送信機も研究開発されました。真空管はトランジスタの前身として広く利用された素子であり、いまでも一部の音楽好きの方にはオーディオ機器として「真空管アンプ」が好まれます。真空管は、真空に引いたガラス管あるいは金属管の中で、フィラメント（熱陰極）から発生する電子を電気的に制御することによって、電波を発生させたり、電波を増幅したり、電波を検出することができます。

1910 年代には真空管の改良が進むとともに、さまざまな電子回路技術も発明され、1920 年代以降は真空管を用いた送信機が主流となってきました。1960 年代以降、真空管は徐々にトランジスタに置き換わっていき、その数は激減していきます。ですが、現在でも電子レンジに使われているマイクロ波の発生素子であるマグネトロンは真空管を用いた電波発生素子です。

無線通信の軍事利用

電波の無線通信応用の歴史を振り返る上で避けて通れないのは軍事利用です。第一次世界大戦の始まりが 1914 年、それ以前にも世界各国で戦争が行われており、例えば日清戦争は 1894〜1895 年です。つまり、電波を利用した無線通信の黎明期は戦乱期と一致しており、送信機が研究開発された時期と一致します。

長距離の情報伝達が可能な無線通信の最大の利用先は軍事産業でした。特に 20 世紀以前においては、海上で情報をやり取りする方法がほとんどなく、電波を利用した無線通信は船舶との情報通信手段として大変重宝されました。皮肉なことですが、世界中の莫大な軍事予算が無線通信に関わる研究開発に費やされたことにより、電波の無線通信応用は短期間で飛躍的に発展したのです。

そして、第一次世界大戦後の 1920 年代より大衆娯楽としてのラジオ放送が世界各国で始まりました。軍事研究開発から民生利用に転換された技術は多数存在しますが、電波も同様であり、このような歴史的経緯からラジオ放送やテレビ放送、そして現在の第 5 世代通信（5G）へと繋がっていきます。

もう一つの応用：レーダー

無線通信以外の重要な電波の応用はレーダーです。レーダーは英語では "radar" と書きますが、これは "RAdio Detecting And Ranging" を略したもの（大文字を繋ぎ合わせると RADAR）です。つまり電波を利用して物体の検出や物体の位置・方向などを測定することができます。余談ですが、電波の代わりに光を用いた場合にはライダー（lidar）とよびます。レーダーの電波（radio）がライダーでは光（light）になっています。

レーダー研究開発の黎明期は無線通信のそれとほぼ同時期ですが、無線通信より実用化は少し遅くなりました。この原因の一つとして考えられるのは、19 世紀初頭の研究開発においては電波の波長を短波長化することよりも、電波の出力を大電力化することが優先されたからのようです。電波の出力が大きくなれば、当然遠くまで電波が届くようになり無線通信の距離を延ばすことができます。一方で電波を短波長化すると、電波の直進性が増すとともに、検出する物体の空間分解能が向上するという利点が生まれます。

よって電波のレーダー応用は、短波長の電波がある程度の出力で発生できるようになった1920年代以降から熱心に研究開発されました。先ほど電子レンジのマイクロ波発生素子として紹介したマグネトロンも、当時は無線通信用途やレーダー用途として研究開発されたものです。特にマグネトロンの実用化には日本の岡部金治郎（1896–1984）の陽極分割型マグネトロン（**図7**）の発明が大きく貢献しています。それまでにアメリカで開発されていた単陽極マグネトロンは、低効率でパワーが弱く波長の長いマイクロ波しか発振できませんでした。しかし、岡部が開発した陽極分割型マグネトロンは、高効率の安定したマイクロ波（波長3 cm、周波数10 GHz）を発振することが可能で、現在でもこの方式がマグネトロンの主流になっています。

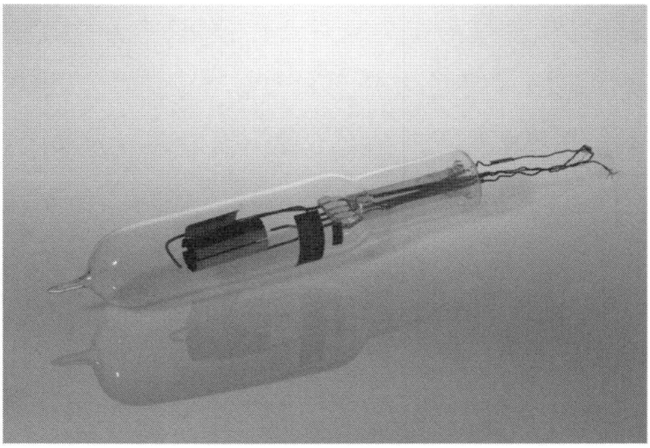

図7　岡部金治郎が1927年に世界で初めて開発した陽極分割型マグネトロンの写真（東北大学 電気通信研究所史料室所蔵）

レーダーの歴史も無線通信の歴史と同様に軍事応用は避けて通れません。軍用レーダーは第二次世界大戦において非常に活躍し、レーダー技術を含めたアンテナ技術やマイクロ波技術の優劣が戦況を大きく左右したようです。現在も軍用レーダーは利用されている一方で、気象レーダーや車載レーダー、船舶レーダーなどの民生利用も活発に行われています。

また、レーダーではありませんが、電波を利用した測距技術としてはGPS

（Global Positioning System）が世界中で利用されています。GPS ももともとは軍用であり、多数に打ち上げられた人工衛星のうち複数個の人工衛星から送信される電波を地上で受信することで、受信者の現在地を特定するものです。現在では民生利用として車やスマートフォンにも GPS 受信機が搭載されており、もはや GPS を利用したナビゲーションシステムがなければ目的地に到達できない人も沢山おられるでしょう。

電波天文学

学術の世界においては、電波を用いて天体や宇宙を観測する「電波天文学」という研究分野もあります。電波天文学の始まりは 1930 年ごろとされていますが、天体から自然に放出される電波は微弱なため、受信感度を向上させるために地球上においては非常に大きなアンテナを設置する必要があります。このアンテナのことを電波望遠鏡とよびます。

例えば日本においては、長野県の野辺山に直径 45 m もの巨大なパラボラアンテナをもつ電波望遠鏡（**図８**左）があります。また、現在稼働している世界最大の単体での電波望遠鏡は、中国・貴州省にあります（**図８**右）。そのパラボラアンテナの物理的直径は何と 500 m です！　さすがに 500 m ものパラボラアンテナを**図８**左のように機械的に支持することは不可能なので、このパラボラアンテナは地面をくり抜いて作られています。

図８　**（左）長野県野辺山にある 45 m 電波望遠鏡。（右）世界最大級の口径 500 m 電波望遠鏡［FAST］**

［出典：（左）国立天文台、（右）Evan Gough:“China’s 500-Meter FAST Radio Telescope is Now Operational,” University Today, Jan. 20(2020). https://www.universetoday.com/］

5-3 ✦ 電磁波の発生法と利用法

電波はどのように作り出すことができるのでしょうか？　私たちが身近で利用している電波はすべて人工的に作り出したものです。この電磁波を発生させることのできる素子を「発振器」とよびます。現代において利用される発振器は大きく分けると「半導体発振器」と「真空管発振器」の二つに分けることができます。

半導体発振器

半導体発振器は、文字通り半導体素子を用いるのですが、実は半導体だけでは発振器とはなりません。半導体を発振器として利用するには、半導体素子の他に「共振回路」と「帰還回路」という二つの電気回路が必要で、半導体素子、共振回路、帰還回路を合わせた回路全体のことを「発振回路」あるいは発振器と呼んでいます。

共振回路は、発振器の発振周波数を決めるための回路であり、多くの回路はインダクタとキャパシタ（コンデンサなど）によって構成されます。インダクタとは、流れる電流によって形成される磁界にエネルギーを蓄えることができる受動素子であり、一般的にコイルによってできていることから、コイルとよばれることもあります。また、キャパシタとはコンデンサのことで、電気（電荷）を蓄えたり、放出したりする電子部品のことです。

例えば、二つの素子を並列もしくは直列に接続した回路は共振回路となり、インダクタのインダクタンスをL、キャパシタのキャパシタンス（静電容量）をCとすると、共振周波数は$f = 1/(2\pi\sqrt{LC})$となります。発振器の設計においては、この共振周波数で発振させることを目指します。もう一つの帰還回路はフィードバック回路ともよばれ、共振回路の出力の一部を半導体素子に帰還させるための回路です。

ここで、半導体素子には増幅作用をもたせておき、半導体に入力される信号（ここでは電磁波だと意訳して考えても構いません）が増幅されて出力されるものとします。その出力先には共振回路があり、また帰還回路によって出力の一部が入力に帰還されます。このとき、元の入力信号と帰還分の信号の和が元の入力信号よりも大きくなっていれば、半導体素子からの出力信号はそれ以前の出力信号より大きくなり、また帰還される信号もそれ以前の帰還信号よりも大きくなっているので……、という形で無限ループが発生し、最終的に回路全体が発振状態になるのです。

このときの最初の入力信号は、外から回路に入ってくる外来雑音（外から入る電気的なノイズ）でも半導体素子自身から発生される内部雑音でも何でもよく、とにかく共振周波数に等しい微弱な振動が少しでもあれば発振回路として動作させることができます。また、そのときの共振周波数が発振周波数となります。

真空管発振器も基本的には半導体発振器と同じ構成です。ただし、半導体素子の代わりに真空管素子が使われます。読者の中には「真空管？」と思う世代も含まれますが、実は 100 W～1 kW 級の出力電力をもつマイクロ波帯の発振器は今でも真空管が主流です。例えば、電子レンジの中（操作パネルの裏あたり）には「マグネトロン」という名前の真空管発振器が搭載されており、マグネトロンから出力されるマイクロ波によって食品が温められています。

図９に家庭用電子レンジに搭載されているマグネトロンの外観写真を示します。電子レンジ用のマグネトロンは大人の手で十分持てるほどの大きさと重さですが、このサイズで何百 W もの電力をもつマイクロ波を発生しているのです。なかなかすごい素子です。

図９　電子レンジの外観（左）、電子レンジの内部（中央）およびマグネトロン（右）の写真

ここで、マイクロ波帯における半導体発振器と真空管発振器（マグネトロン）の大まかな性能を比較してみましょう。ただし、半導体発振器単体の出力電力はマグネトロンに比べて非常に小さいため、出力電力を同じ土俵にするために 1 kW 程度を出力できる「半導体発振器＋半導体増幅器」とマグネトロンとを比べることにします。**表 1** は、その相対比較表です。

表 1　「半導体発振器＋半導体増幅器」と「マグネトロン」の相対比較表

	半導体発振器＋半導体増幅器	マグネトロン
周波数安定度	高い	低い
周波数 ゆらぎ	小さい	大きい
価格	高い	安い

半導体の特徴は、何といっても出力されるマイクロ波の品質のよさです。発振回路の工夫によって発振周波数の安定度を高めることができ、かつ周波数の「ゆらぎ」も小さくできるので、非常に綺麗な正弦波を出力することができます。よって、ある程度のマイクロ波品質が要求される通信用途には半導体が使われます。

一方のマグネトロンの特徴は何といっても値段の安さです。市販電子レンジの価格から推測すれば、マグネトロンが非常に安価でかつ大きなマイクロ波出力を得られる素子であることは容易に想像できるでしょう。もし、半導体素子のみで電子レンジ級のマイクロ波出力を得ようとすれば、今の価格の何十倍にもなることは間違いありません。もちろん半導体素子も低コスト化に向けた研究開発が行われていますが、マグネトロンが特別に安価なマイクロ波発振素子であることは理解しておきたいところです。

マイクロ波の伝送線路

さて、半導体やマグネトロンから出力されるマイクロ波は、どちらも伝送線路を経由してアンテナから出力されます。伝送線路にはさまざまな種類のものがありますが、比較的小さいマイクロ波電力であれば同軸ケーブルや誘電体基板上の線路が使用され、大きなマイクロ波電力であれば導波管とよばれる金属管が使用されます。

同軸ケーブルは内導体と外導体が同心円状に配置されている構造をもつ電線の一種と考えることができます。通常は内導体に電圧が印加され外導体が接地される（電圧が 0V となる）状態で使用されます。こうすることで、同軸ケーブル内を伝播する電波を内導体と外導体の間に閉じ込めることができ、外部への電波漏えいを防ぐことができます。

同軸ケーブルは**図 10**(a)に示すようにさまざまな太さのものがあり、またさまざまな形状の同軸コネクタがあります。一般的にはケーブルが太いほど大きな電流を流すことができますが、その反面、高い周波数で使いにくくなります。また、同軸コネクタにもさまざまな種類があり、マイクロ波帯以下で一般的に利用されるコネクタとしては SMA コネクタ、N コネクタ、BNC コネクタがあります（**図 10**(b)）。それぞれの使用周波数範囲は SMA コネクタで 18 GHz 以下（一部 26.5 GHz 以下）、N コネクタで 18 GHz 以下、BNC コネクタで 4 GHz 以下です。

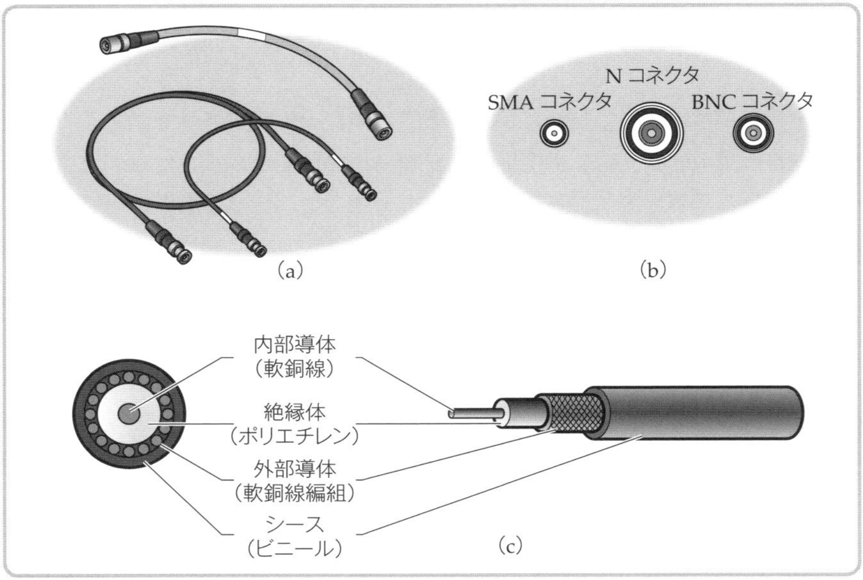

図 10 同軸ケーブルと同軸コネクタ。(a) 同軸ケーブルの外観、(b) 同軸コネクタの種類、(c) 同軸コネクタの構造

また、同軸ケーブルは伝送線路としての「特性インピーダンス」が決められています。特性インピーダンスとは、線路中を伝播する電波の電圧と電流の比、あるいは電界の大きさと磁界の大きさの比のことです。同軸ケーブルの特性インピーダンスは、多くの場合 50 Ω（一部、テレビ受信用の同軸ケーブルでは 75 Ω）と決められています。

単位が Ω なので抵抗と勘違いするかもしれませんが、特性インピーダンスはあくまで「電圧（電界の大きさ）と電流（磁界の大きさ）の比」であり、損失が発生する抵抗素子とは全く異なることに注意しましょう。例えば、特性インピーダンス 50Ω の同軸ケーブルの直流での抵抗値が 1 Ω にも満たないというのは、ごくごく一般的です。

また、同軸ケーブルにおいてマイクロ波電力の損失は、周波数にも依存するため、同軸ケーブルのカタログの多くは、周波数に対する 1 m あたりの減衰量が表示されています。

誘電体基板上の線路は、誘電体基板の上下面に銅箔などの導体を設置した伝送線路のことで、無線機器の中にある平面回路の線路として広く利用されています。CAD などのレイアウトソフトで描画した配線パターンを基板上に作製するため、再現性や量産性にも優れています。

図 11 は、誘電体基板上の線路の代表例であるマイクロストリップ線路です（他にもストリップ線路、コプレーナ線路などのさまざまな線路があります）。中央部の金属部分が線路であり、四角い板全体が誘電体基板になります。また、この基板の裏面には銅箔が基板全体にベタっと貼られており、接地面（電圧が 0V となる面）として扱われます。

誘電体基板上の線路にも特性インピーダンスがあり、同軸ケーブルと同様に 50 Ω で規定されることがほとんどです。同軸ケーブルと異なる点としては、主線路となる銅箔が金属などで完全には覆われていないため、わずかながら線路を伝播する電波が線路外に漏えいします。逆に、この漏えい特性を積極的に活かせば、誘電体基板上の銅箔をアンテナとして使用することも可能です。

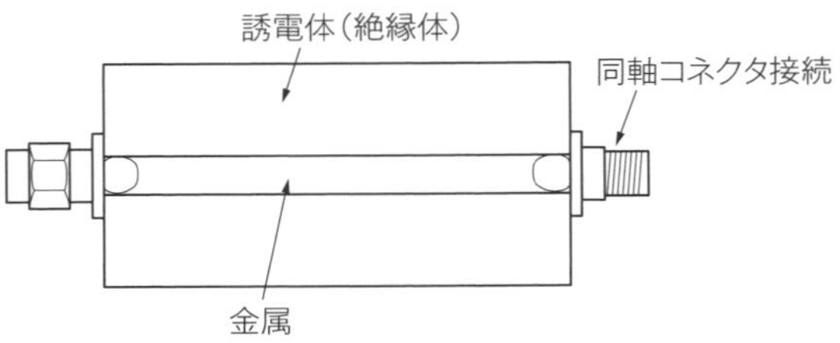

図 11 誘電体基板上の線路の一種、マイクロストリップ線路。

導波管とは、**図 12** の写真に示すような金属管のことで、導波管の中を電磁波が伝播します。金属で囲われているため、電磁波は外部には漏えいしません。また、導波管断面の寸法には規格があり（日本では JIS 規格）、使用周波数に対応した導波管を用いる必要があります。特に、導波管には低周波数の電磁波を遮断するフィルタ特性（「低域遮断フィルタ」とよぶ）があるため、断面の小さい導波管ほど、低い周波数では使用できないことに注意しましょう。また、導波管にも特性インピーダンスは存在しますが、その値は周波数によって変化するため、50 Ω といった一定値で規定することはできません。

導波管断面の寸法には波長に対して規格があり、使用周波数に対応した導波管を用いる必要があります。例えば、電子レンジなどで使われているマイクロ波周波数である 2.45 GHz の断面積は 59.65 cm^2（10.92 cm × 5.46 cm）ですが、915 MHz（0.915 GHz）は 306.64 cm^2（24.765 cm × 12.382 cm）であり、5.8 GHz は 8.0 cm^2（4.0 cm × 2.0 cm）になります。

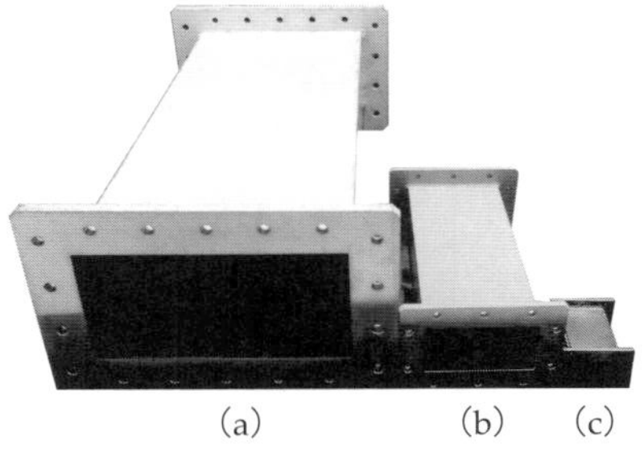

図 12 各周波数における導波管の写真。(a)915 MHz、(b)2.45 GHz、(c)5.8 GHz

特性インピーダンスの重要性、反射

さて、各種の伝送線路において特性インピーダンスという用語が出てきましたが、この特性インピーダンスの重要性について最後に説明しておきます。特性インピーダンスは、先にも述べた通り、伝播する電磁波の電圧と電流の比、あるいは電界の大きさと磁界の大きさの比のことです。よって、特性インピーダンスが変化するということは、伝播する電波の電圧（電界の大きさ）と電流（磁界の大きさ）の比が変化するということを意味します。

ここで、電圧と電流の比が突然変化すると、電波伝播において「反射」という非常に好ましくない現象が起こります。反射は電磁波がもつ一般的な性質の一つであり、電磁波が二つの異なる媒質を伝播する際に媒質の境界面で起こる現象のことです。「特性インピーダンスが突然変化する」＝「伝播する媒質が突然変化する」と解釈すれば、特性インピーダンスが変化する場所で電磁波が反射しうることは想像できるでしょう。

つまり、特性インピーダンスを50 Ωとか75 Ωのように規定する最も重要な理由は「ケーブルと機器とを接続するときに電磁波の反射を起こさないため」です。例えば、同軸ケーブルと無線装置とを接続する場合において、接続部分で電波が反射しないようにするには、特性インピーダンスを一致させることが必要不可欠になります。また、伝送線路や装置によって特性インピーダンスがマチマチになると、ある装置では大丈夫でも別の装置を繋いだら反射が起こった……、という問題も発生しうるでしょう。ということで、「じゃあ、伝送線路や装置の特性インピーダンスは50 Ωに決めましょう！」というルール（規格）のもとで、伝送線路や装置を設計し、使用するのです。

もちろん、すべての伝送線路や装置を特性インピーダンス50 Ωにすることは容易ではありません。例えば真空中を伝播する電磁波を考えるとき、真空の特性インピーダンスは約377 Ωであり、物理的に変えることができません。また、先に述べた導波管の特性インピーダンスは周波数によって変わってしまいます。このような場合には、特性インピーダンスを変換するためのインピーダンス変換器を準備して、接続部分での電磁波の反射を極力減らすような工夫がなされます。

例えば、電磁波を送受信するアンテナは、電磁波を効率よく送受信する機能とともに、空気の特性インピーダンス（真空のそれとほぼ同じ）から同軸ケーブルの特性インピーダンス（50 Ω あるいは 75 Ω）に変換するためのインピーダンス変換器の機能も併せもっています。また、伝送線路を導波管から特性インピーダンス 50 Ω の同軸ケーブルに変換する場合や、伝送線路を途中で極端に曲げたい場合にも特性インピーダンスの変化が生じることがあります。よって、伝送線路の媒質の変化のみならず、伝送線路中を伝播する電磁波の進行方向を変えたい場合にも、電磁波が反射しないように設計する必要があります。

以上のように、発生した電磁波を利用する際には使用周波数や使用電力に対して適切な伝送線路を用いるとともに、電磁波を途中で反射させないために伝送線路や装置の特性インピーダンスにも十分に気を付けましょう。

5-4 ✦ さまざまな加熱法

電磁波エネルギーあるいは電気エネルギーを利用した加熱方法は、原理に基づいて分類されています。本節では、これらの加熱方法について、その原理とともに紹介します。

通電加熱

電気エネルギーを利用した最も単純な加熱方法は、発熱体（抵抗体）に電流を流すことで発熱体自身が加熱されるという、ジュール加熱です。発熱体の抵抗を R、流す電流を I とすると、発熱体での消費電力は RI^2 となり、消費電力×時間に相当するエネルギーが熱エネルギーに変換されます。流す電流は直流電流であっても交流電流であっても構いませんが、これ以降に紹介する加熱方法と違って唯一直流電流でも加熱できる方法です。

通電加熱を利用した電化製品の代表例は、**図 13** に示すような電気ストーブ、電気こたつ、電気トースターなどです。また、白熱電球は照明の用途に利用されますが、電球内のフィラメントに電流を流してフィラメントを加熱することによって光を発生させています。よって、白熱電球自体は通電加熱されているといえます。

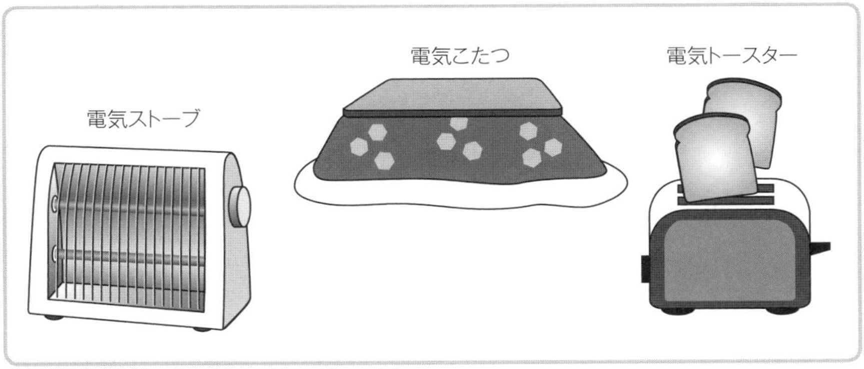

図 13 通電加熱が利用される電化製品の例

誘導加熱

誘導加熱は、ファラデーの電磁誘導の法則に基づいて発生する誘導電流に起因する加熱方法です。ファラデーの電磁誘導とは、**図 14** に示すように磁束密度が $\boldsymbol{B}$ から $\boldsymbol{B}'$（$<\boldsymbol{B}$）に時間変化する際に、その時間変化を打ち消す方向に電界 $\boldsymbol{E}$ が発生するという現象のことです。この電界が発生する場所に、例えば導電率 σ をもつ金属板（良導体）を置くと、その金属板には $\boldsymbol{J}=\sigma\boldsymbol{E}$ なる電流密度 $\boldsymbol{J}$ が発生し、導体の体積あたり $\boldsymbol{J}\cdot\boldsymbol{E}$ に相当する電力が消費されます。この消費電力によって熱が発生します。

電流が流れることによって熱が発生する部分だけを切り取れば通電加熱と同じように見えますが、通電加熱は発熱体に電流を直接流しているのに対し、誘導加熱は磁束密度の時間変化を利用して電流を流している点で原理が大きく異なります。また、電磁誘導によって金属板上に生じる電流は渦を描くように発生することから、この電流のことを「渦電流」とよびます。

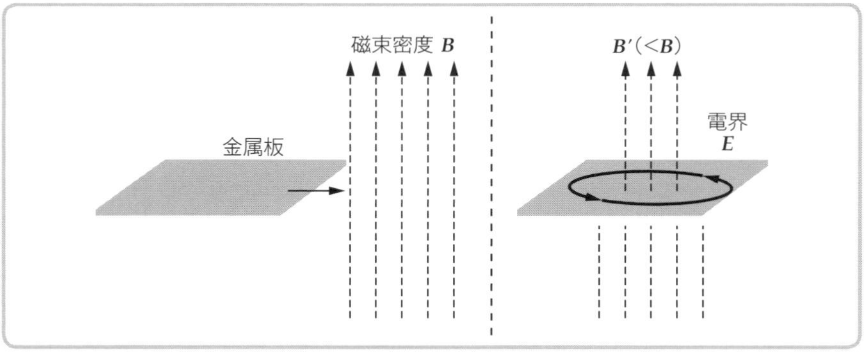

図 14　誘導加熱の原理図。磁束密度の時間変化によって電界が発生し、電界が発生する位置に金属板を置くと渦電流が流れる。

誘導加熱を利用した電化製品の代表例は、**図 15** 左に示す IH 調理器です。IH は “Induction Heating” の略であり、まさしく「誘導加熱」と訳することができます。また、工業用の誘導加熱装置としては、**図 15** 右のようにコイルに交流電流を流して金属棒などを加熱する装置が挙げられます。この場合もコイルに流れた電流が直接的に金属棒に作用するのではなく、コイルにより発生した磁束密度の時間変化によって渦電流が発生することにより加熱が起こります。このように誘導加熱は被加熱物に対して非接触で加熱できるという利点があります。

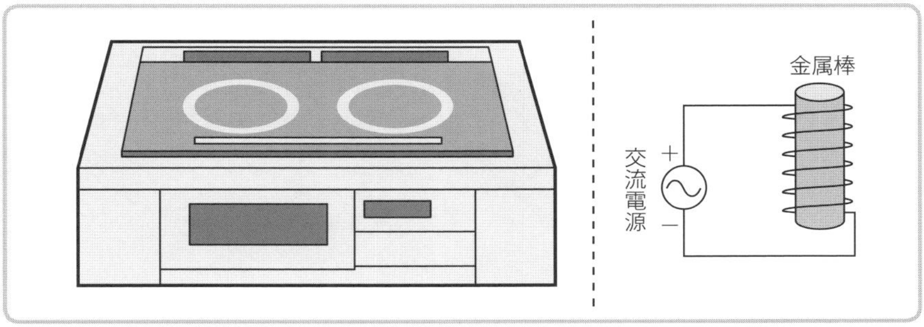

図 15　誘導加熱が利用される機器の例。（左）IH 調理器、（右）工業用誘導加熱装置の概略図

誘電加熱

誘電加熱は、誘電体に対して交流電界が印加された際に生じる加熱方式です。主な応用例に電子レンジがあり、電子レンジの中に入れた温めたい食品などが誘電体にあたります。誘電体に対して外部から電界が印加されると、誘電体内部では「分極」とよばれる電気的な偏りが生じます。

例えば**図 16** 左のように誘電体の上下に電極を設置して交流電源に接続した場合、上側の電極が正の電圧、下側の電極が負の電圧だったときには誘電体内部では上側に負の電気、下側に正の電気が引き寄せられ、結果として誘電体全体に電気的偏りが発生します。この現象が分極であり、電界によって発生した分極なので「誘電分極」とよばれます。また、誘電体を電極で挟まずに**図 16** 右のように誘電体に電磁波を照射した場合でも、誘電体に対して外部から電界が印加されることに変わりはないので誘電体内部には誘電分極が発生します。

さて、上述したように誘電分極は電界が「印加されてから発生」します。当たり前のことを何度も書いているようですが、この「されてから」が実は誘電加熱が起こる秘密なのです。誘電体内の分極は、電界が印加されると同時に発生するわけではなく、電界が印加された後に時間経過を伴って分極します。また、電界の印加をやめたときも誘電体は時間経過を伴って元の状態に戻ろうとします。この分極にかかる時間というのは媒質によってマチマチで、10 μs オーダの媒質もあれば 1 ns オーダの媒質もあります。

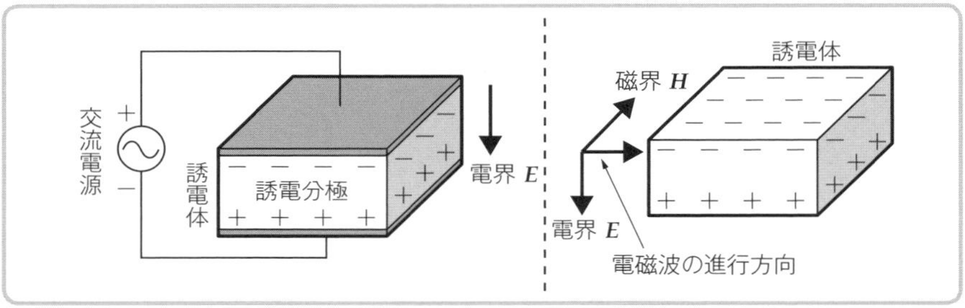

図 16 誘電加熱の原理図。左図は誘電体を電極で挟んだ場合、右図は誘電体に電磁波を照射した場合。交流電界を誘電体に印加させたときに発生する誘電分極の時間応答と交流電界の時間変化との間に時間のずれが生じることによって結果的に発熱が起こる。

では、**図 16** のように交流電源を使って誘電体に誘電分極を発生させる場合、交流電源の周波数（周期）に対して分極はどのように振る舞うでしょうか？まず、分極にかかる時間に対して交流電源の周期が十分に長い、つまり交流電源周波数が十分に低い場合を考えてみると、電界印加から分極発生までの時間差が周期に比べて十分に短いので、これはほぼ同時とみなすことができるでしょう。よって、印加する電界の周波数が低すぎると、電界印加と分極がほぼ同時に起こるので、誘電体に印加された電界のエネルギーが誘電体内で消費される要素が存在しません。

逆に、交流電源の周期が分極にかかる時間に比べて十分に短い、つまり交流電源周波数が十分に高い場合を考えてみると、電界が印加されて誘電体に分極を発生させようにも、分極が発生し始めるより遥か前に電界の正負の向きが逆転してしまいます。つまり、周波数が高すぎると電界の時間変化に対して誘電体内の分極が追随できないため、そもそも分極がほとんど起こらないのです。よって、印加する電界の周波数が高すぎても、誘電体に印加された電界のエネルギーが誘電体内で消費されるような要素が存在しません。

それでは、誘電体の分極にかかる時間と交流電源の周期が同じくらいの場合にはどうなるのでしょうか？　今度は誘電体内の分極は電界の変化に追随できるので、分極は発生します。しかし、周波数が十分に低いときのように電界の印加から分極発生までの時間差を無視することもできません。つまり、電界が印加されて分極が十分に発生したころには、印加電界の大きさが小さくなる、あるいは印加電界の向きが逆になるという、何とも中途半端な状況になります。

ここで、皆さんも誘電体の立場になって想像してみましょう。いま、外部から電界がかけられたので、ヨイショっと自分自身を分極させ終わった状態を考えます。ところが、分極させ終わってホッとしたのも束の間、既に外部の電界は消えていたり逆向きになっていたりするのです。分極というものは電界の言いなりになるしかないので、誘電体としては発生させていた分極を慌てて引っ込めて、今度は逆向きにヨイショっと分極させようとします。そして分極が終わったかなぁと思ったら、また外の電界は消えていたり逆向きになっていたりするのです。まるで、「あっちに行け！」と命令されたからあっちに進んだのに、到着するやいなや「こっちじゃない！　反対方向に行け！」と言われ、急ブレーキをかけて逆向きに進むようなものです。

このように、誘電体は非常にストレスのかかる状況に陥っています。この「急ブレーキ」とか「ストレス」とかが誘電体内でエネルギーが消費される原因になるのです。誘電加熱においては、電界がエネルギー源となっており、誘電体自身が電界のエネルギーを消費することによって最終的には熱エネルギーに変換されて誘電体が加熱されます。これが誘電加熱の正体です。また、単位時間あたりのエネルギーで考えた場合は誘電体の電力消費と捉えることもできます。誘電加熱時に発生する電力消費による損失のことを「誘電損失」とよびます。

誘電体には誘電損失の起こりやすさを表す「誘電正接」という指標があり、$\tan\delta$ という値で表されます。「損失を表すのに、なぜタンジェント？」と不思議に思われるかもしれませんが、これは誘電体をコンデンサなどのキャパシタと考えて、キャパシタ内で生じる損失を電気抵抗に見立てたときの電気回路に起因しています。

詳細な説明は電気回路の専門書に譲りますが、電気回路（抵抗とキャパシタを並列接続した交流回路）では**図 17** に示すように抵抗に流れる電流を複素平面上の実軸（横軸）、キャパシタに流れる電流を虚軸（縦軸）にとるという決まりがあり、これらの電流の比が（縦軸方向の大きさ）÷（横軸方向の大きさ）になります。よって、これらを斜辺以外の二つの辺に見立てた直角三角形で考えると、それぞれの電流の比が tan δ に相当する値になるのです。このことから、誘電損失の起こりやすさを表す指標に tan δ を用います。なお、δ は横軸方向の大きさと斜辺がなす角度に対応します。

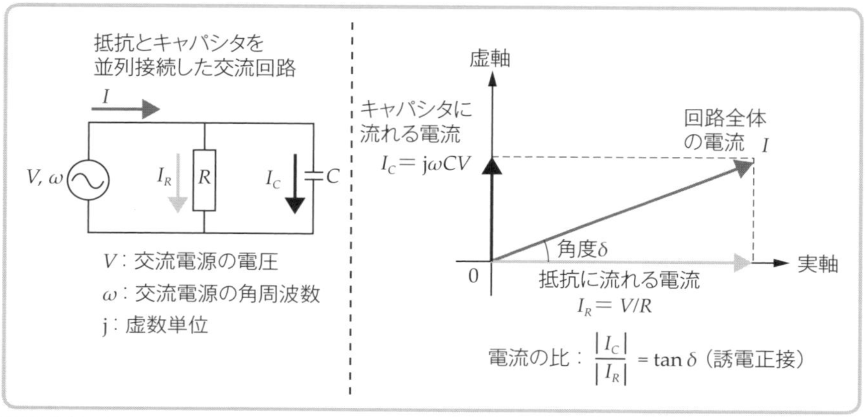

図 17　電気回路による誘電正接 tan δ。（左）抵抗とキャパシタを並列接続した交流回路。（右）誘電正接の図解

誘電加熱を利用した電化製品の代表例は、先にも述べたように何といっても**図 18** 左に示した電子レンジであり、今や世界中の家庭で利用されています。最近では、マグネトロン発振器から半導体発振器に変えた電子レンジの開発も進み、より精度よく、省エネルギーで食品を加熱できます。今後、発振器の特性をうまく利用した、さまざまな製品が販売されるでしょう。さらに、近年では電子レンジのようにマイクロ波を使った誘電加熱を化学反応に利用しようという動きが活発化しており、**図 18** 右の写真に示したようなマイクロ波加熱を利用した化学工場も国内で建設されるなど、誘電加熱の新たな利用が進んでいます。

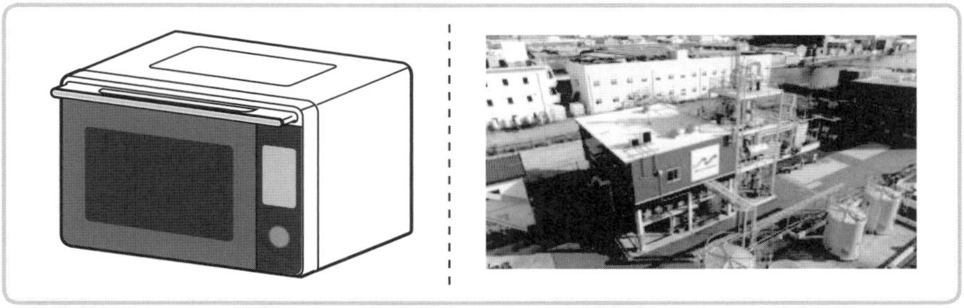

図 18　（左）電子レンジは誘導加熱が利用される電化製品の代表例。（右）の写真はマイクロ波加熱を利用したマイクロ波化学（株）の化学工場

磁場加熱

磁場加熱は、誘電加熱の磁界版のようなものです。誘電加熱は媒質として誘電体を考えましたが、磁場加熱は磁性体を考えます。また、誘電加熱における誘電分極と異なる点として、磁場加熱においては磁性体の残留磁束密度および保磁力がキーワードとなります。

図 19 を用いて磁性体に対して外部から磁界を印加した場合の様子を説明します。

(1) 一番左の図のように、磁性体に磁界 $\boldsymbol{H}$ を印加すれば磁性体内には磁束密度 $\boldsymbol{B}$ が発生します。

(2) ここで外部磁界を 0 にすると、磁性体内の磁束密度は 0 になるのではなく、二番目の図のように、ある磁束密度 $\boldsymbol{B'}$ が残ったまま存在し続けます。この残った磁束密度のことを「残留磁束密度」とよび、ここまでは永久磁石の一般的な作成方法と同じです。

(3) ここで三番目の図のように外部磁界を先ほどとは逆向きに印加して、残留磁束密度を 0 にすることを考えます。実際に磁性体内の磁束密度が 0 になったときの逆向きの磁界 $-\boldsymbol{H'}$ のことを「保磁力」とよびます（負号は、最初の印加磁界方向と逆向きであることを明示するために便宜上付けたものです）。

(4) さらに逆向きに磁界を印加すると、磁性体内の磁束密度も先ほどとは逆向きになり、N 極と S 極が逆になった永久磁石ができあがります。

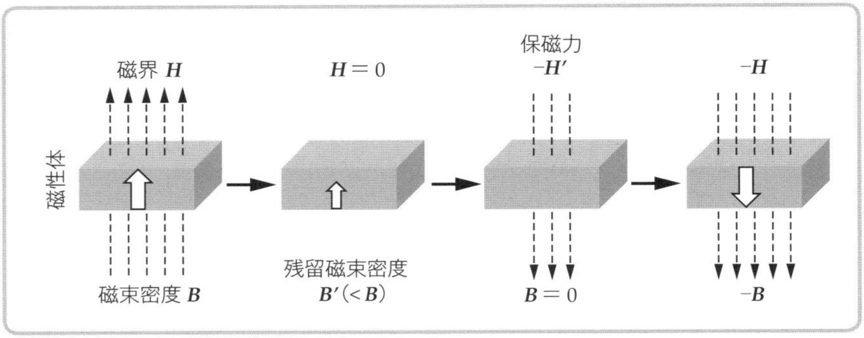

図 19 外部から磁界を印加した際に磁性体内に発生する磁束密度の様子。磁界印加後に外部磁界を 0 にしても磁性体には残留磁束密度 B' が残る。この残留磁束密度を 0 にするには逆向きの磁界を印加する必要があり、残留磁束密度を 0 にする外部磁界（$-H'$）のことを保磁力とよぶ。

そうすると、外部磁界 H を横軸に、磁性体内の磁束密度 B を縦軸にとったときのグラフは**図 20** のように描けることになります。最初は H、B ともに 0 ですが、磁界が印加されると磁性体内に磁束密度が発生し、外部磁界を止めると残留磁束密度 B'が存在し続けます。外部磁界を逆向きに印加すると保磁力 $-H'$のところで磁性体内の磁束密度が 0 となり、さらに外部磁界を強めると B も逆向きになります。

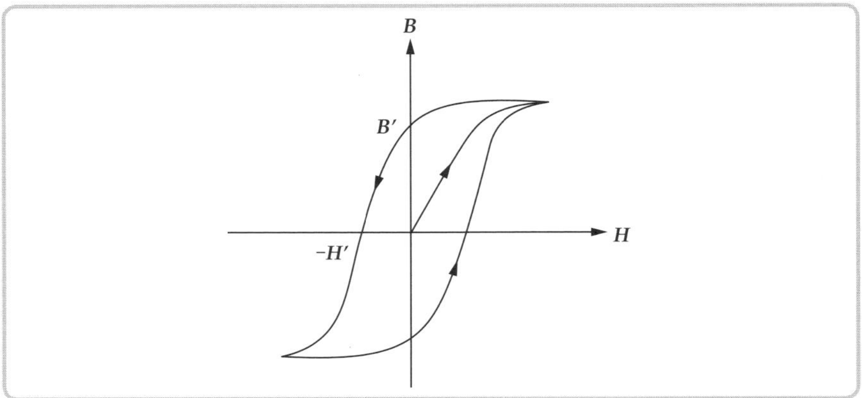

図 20 磁性体に外部磁界を印加した際のヒステリシスループの例

これらの現象が繰り返されるので、H と B の関係は**図 20** のように「ヒステリシス」なループを描くようになります。このループのことを「ヒステリシスループ」あるいは「ヒステリシス曲線」とよびます。また、ヒステリシスループで囲まれた部分の面積は磁場加熱に起因する電力損失にあたり、これを「ヒステリシス損」とよびます。ヒステリシス損によって失われる電力は磁性体へ供給されることとなり、最終的には磁性体を加熱する電力として消費されます。よって、磁性体ではない媒質では磁場加熱は発生しません。

例えば、真空の透磁率は常に μ_0 であり、$B=\mu_0 H$ が常に成り立ちます。つまり H と B の関係が常に比例関係となるので、このような媒質では**図 20** のようなヒステリシスループは描けません（ループではなくただの比例直線になる）。よって、ヒステリシス損は発生せず磁場加熱も起こらないのです。また、磁場加熱はヒステリシス損に起因することから、磁性体に印加される外部磁界は必然的に交流磁界にする必要があります。

磁場加熱を積極的に利用した電化製品はなく、磁場加熱はどちらかというと嫌われる存在です。ヒステリシス損と渦電流による損失を合計したものは「鉄損」ともよばれ、モーターや変圧器（電圧を変換する装置）で発生します。ヒステリシス損の発生は、モーターや変圧器の効率そのものに悪影響を及ぼすため、できるだけヒステリシス損を低減することが望ましいといえます。また近年では、金属粉末を電磁波で加熱するという研究がされており、この加熱原理として磁場加熱に起因するものがあります。

輻射加熱

輻射加熱は、熱の輻射そのものによって別の媒質を加熱するという方法です。例えば、**図 13** に示した電気ストーブは、熱そのものの発生は通電加熱に起因しますが、その発生熱が人間に伝わるときは輻射加熱を利用しています。

さて、輻射加熱の元となる熱輻射ですが、何が熱を伝えているのかというと実は電磁波です。熱の波長分布（「放射スペクトル」とよばれる）は遠赤外線から可視光線まで広い帯域にわたって存在しており、熱源の温度が高くなるほどスペクトル強度が大きくなるとともにスペクトル強度分布の最大値が短波長側に移動する性質をもっています。またスペクトル強度変化と温度変化を対応させた計測装置として、放射温度計があります（4-2 節参照）。

熱と仕事

なお、本節で紹介した加熱方法のうち、この輻射加熱だけが実際に「熱」による加熱です。『じゃあ、今まで「加熱」と言っていたのは何だったのか!?』と不審に思われるかもしれませんが、物理学においては熱という言葉には相応の定義があるので、本節の最後に紹介します。

熱物理学や熱力学における「熱」とは、『熱源との「熱的接触」によるエネルギー伝達』あるいは『二つの物体間の「温度差」に起因する一方の物体から他方の物体へのエネルギーの流れ』と定義されます。つまり、ある物体には温度があり、他の物体の温度が元の物体の温度と異なることによって熱が伝わり、加熱されるという仕組みです。これは、フライパンを温めておいてからお肉を焼く状況や、お風呂が熱いときに水を足して温度を下げる状況などが挙げられます。このようなエネルギーの伝わり方が「熱」なのです。よって、輻射加熱は温度をもった熱源が存在して別のものを加熱するので「熱」による加熱といえます。

では、それ以外の通電加熱、誘導加熱、誘電加熱、磁場加熱はどうでしょうか？　エネルギー源としては電流、電界、磁界などが挙げられますが、果たしてこれらの温度（電流の温度とか、磁界の温度など）を定義することはできるでしょうか？　と考えると、これら四つの加熱方式は、そもそも温度に由来していない、つまり熱に由来した加熱ではないことがわかります。しかし、実際はこれらの方式によって物体の温度を上げることができます。

このような状況について、物理学では「熱」ではなく「仕事」という用語を適用します。すなわち、電流、電界、磁界などが物体に対して「仕事をする」ことにより、電流、電界、磁界などのエネルギーが物体に伝わり、その伝達エネルギーを物体自身が熱エネルギーに変換することによって最終的に温度が上昇するという仕組みなのです。

以上をまとめると、通電加熱、誘導加熱、誘電加熱、磁場加熱の四つは、厳密には「熱を加える」のではなく「仕事をする」という作用をもって物体を温めています。「加熱」という用語そのものは物理以外にも日常的によく使われる言葉なので、これらの加熱方式を加熱とよぶこと自体は何ら問題にはなりません。ただし、四つの加熱方法には温度をもった熱源がエネルギー源として存在しないということは理解しておきましょう。

5-5 ✦ 媒質が吸収する電磁波エネルギー量

本節では、誘電損失をもつ誘電体媒質において、媒質が吸収する電磁波のエネルギー量について説明します。これを理解することは、電子レンジに例えると食品がどの程度電磁波エネルギーを吸収できるか、ひいては食品をどれだけ早く加熱できるのかを理解することに繋がります。ただし、ここでは一定の強度をもつ電磁波が媒質に対して常に入射され続けている状態を仮定します。このように考えることで、単位時間あたりのエネルギー量、つまり媒質が吸収する電力として問題を考えることができます。

図 21 に示すように、もし電磁波を吸収しない媒質にマイクロ波を照射すると、電界は減衰することなく、その物質の中を進行していきます。一方で電磁波を吸収する物質中を進む場合は、そのエネルギーは減衰して進行していきます。

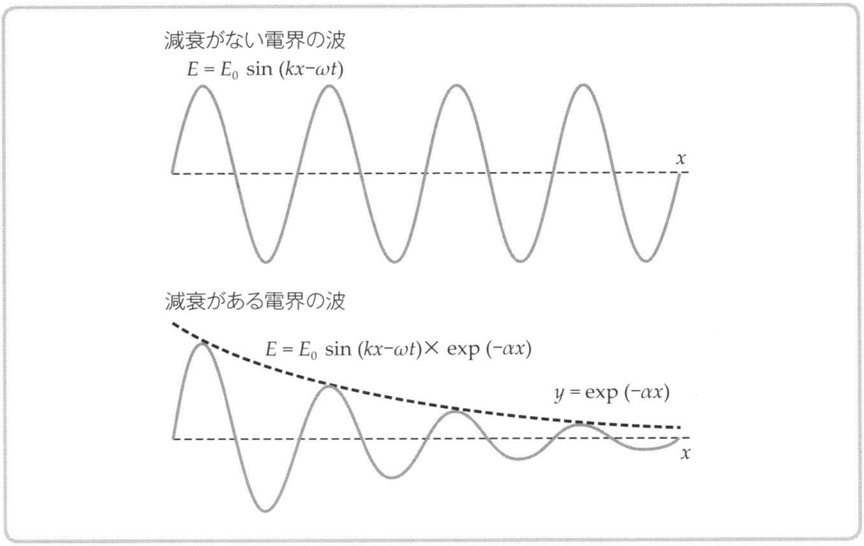

図 21 物質によって減衰がない電界の波と減衰がある電界の波のイメージ

物質が吸収する電力

物質が吸収する電力 P_aは、1 章で触れたマックスウェルの方程式から導出することができ、次の式(1)で表されます。

$$P_a = \pi f \varepsilon_0 \varepsilon_r \tan\delta \,|E|^2 \tag{1}$$

ここで、π は円周率、f は電磁波の周波数、ε_0 は真空の誘電率、ε_r は媒質の比誘電率、$\tan\delta$ は媒質の誘電正接、$|E|$ は電磁波の電界強度（振幅）です。

右辺の単位を調べると、周波数は 1/s、真空の誘電率は F/m、比誘電率と誘電正接は無次元で、電界強度は V/m です。よって、右辺全体の単位は、$(\mathrm{F/m})\cdot(\mathrm{V/m})^2/\mathrm{s} = (\mathrm{F\cdot V^2})/(\mathrm{s\cdot m^3}) = \mathrm{W/m^3}$ となることがわかります。つまり、吸収電力 P_aというのは、単に電力を表しているのではなく「単位体積あたりの電力」を表していることに注意しましょう。また、電界強度は振幅で表していることに対し、吸収電力は実効値で表されることにも注意する必要があります。もし電界強度も実効値で表現する場合には、右辺には係数 2 を掛ける必要があります。

吸収電力の式をみてみると、いくつかのことがわかります。まず、電磁波の電界強度の 2 乗に比例して吸収電力が大きくなりますが、これは一般的な電力と電圧の関係から容易に想像できるでしょう。また、周波数が高いほど、あるいは媒質の比誘電率や誘電正接が大きいほど吸収電力は大きくなります。吸収電力が周波数に比例するというのは想像しにくいかもしれませんが、これは「単位時間あたり（1 秒あたり）の吸収電力」を考えていることに起因します。すなわち、周波数が 1 秒間あたりの波の振動数のことなので、同じ単位時間で考えれば振動回数が多いほど吸収電力が増えることを意味します。また、比誘電率と誘電正接の積に関しては、媒質の電磁波吸収性能そのものを表しています。

「じゃあ、吸収電力を増やしたければ周波数を高くすればよいのですね？」と思うかもしれませんが、話はそれほど単純ではありません。なぜなら、媒質の比誘電率や誘電正接が周波数変化に対して一定ではないのです。多くの媒質では、マイクロ波帯周辺の周波数において誘電正接が最大となり、そこから周波数が高くなっても低くなっても誘電正接は0に近づくような性質をもちます。また、比誘電率も周波数が低いときと高いときでは値が異なり、一般的にはマイクロ波帯前周辺の周波数を境にして、周波数が低いと比誘電率が高くなり、周波数が高くなると比誘電率が低くなる傾向にあります。

比誘電率 ε_r および比誘電率と誘電正接の積 $\varepsilon_r \tan\delta$ に対する周波数特性の概要をグラフに示したものを**図 22** に示します。電子レンジが 2.45 GHz 帯というマイクロ波を利用する一因としては、マイクロ波のエネルギーを比較的吸収しやすいからといえるかもしれません。

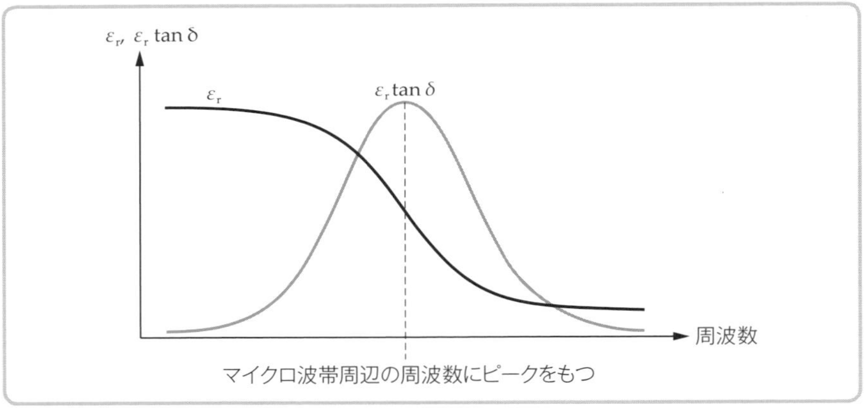

図 22 比誘電率 ε_r および比誘電率と誘電正接の積 $\varepsilon_r \tan\delta$ に対する周波数特性の一例。多くの均質な誘電体は、このような傾向をもった周波数特性となる。

また、同じ 2.45 GHz 帯マイクロ波を使っても電磁波を吸収しやすい媒質、吸収しにくい媒質があります。ここで「電磁波を吸収しにくい」とは、金属のように電磁波を反射するような媒質のことではなく、比誘電率 ε_r と誘電正接 $\tan\delta$ の積 $\varepsilon_r \tan\delta$ が小さいので吸収しにくいという意味です。**図 23** にさまざまな物質の ε_r と、$\tan\delta$ の値の例を示します。2.45 GHz は電子レンジで使用される周波数、915 MHz は主に北米で工業用のマイクロ波加熱に使用される周波数です。**図 23** に示すように、石英、テフロンは $\tan\delta$ が小さく、比較的マイクロ波を吸収しにくい物質といえます。一方で、水やアルコール類は $\tan\delta$ が大きく、比較的マイクロ波を吸収しやすい物質です。

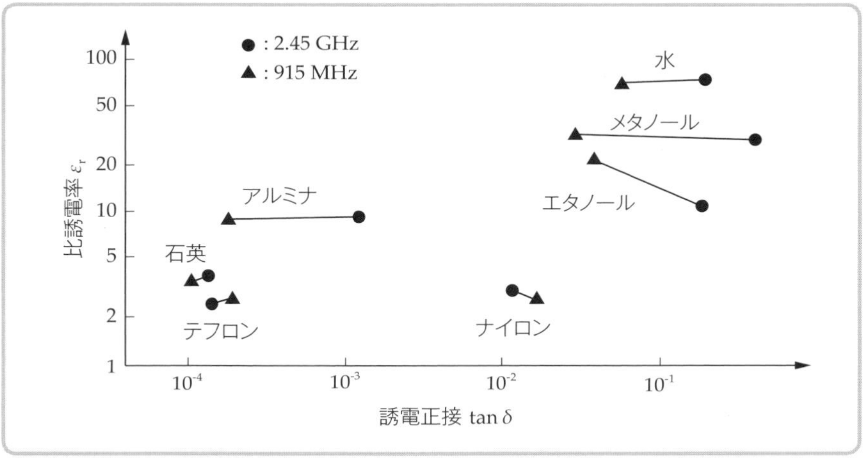

図23 **さまざまな物質の比誘電率 ε_r および誘電正接 $\tan\delta$ のグラフ**［出典：柴田長吉郎：『工業用マイクロ波応用技術』、電気書院（1986）をもとに抜粋して作成］

また、同じ媒質であっても、ε_r や $\tan\delta$ が温度とともに変化することも頭の片隅に入れておきましょう。つまり、ε_r や $\tan\delta$ は**図 22** に示した周波数特性だけではなく、温度特性をもっているということです。例えば、水の場合は温度が高くなるにつれて ε_r が小さくなるという傾向をもっています。ε_r や $\tan\delta$ がどのような温度特性をもつかは媒質によってさまざまなので、実際の物性値を知りたい場合はその温度で実測するなどのことが必要です。

なお、インターネットなどを検索すると、「電子レンジの周波数（2.45 GHz）は水の共振周波数と一致するため、マイクロ波が吸収されやすい」といった記述が見られることがありますが、全くのデタラメなので注意しましょう。水の共振周波数は 2.45 GHz 付近には存在しませんし、**図 22** に示した $\varepsilon_r \tan\delta$ がピークとなる周波数も水の場合は 2.45 GHz より遥かに高いところにあります。しかしながら、水がマイクロ波を吸収しやすい物質の一つであることは間違いないので、本書を手にした皆さんはできるだけ正しい情報を得るようにしてください。

さて、電磁波が誘電体媒質に照射される際の吸収電力 P_a は先の式に示した通りですが、電磁波が媒質に吸収されるということは、その媒質中を伝播する電磁波はその吸収電力の大きさに伴って減衰するはずです（**図 21** 下）。この

ことから、P_aを吸収電力の指標として参照する際には、大きな体積をもつ誘電体媒質全体で考えるのではなく、誘電体媒質中の微小体積部分で考えるべきだといえます。電磁波が減衰するということは、電界の大きさ$|E|$が減衰することを意味するので、吸収電力P_aが電磁波の伝播中に減少することを考慮しなくてはなりません。この計算は非常に複雑ですので、電磁界シミュレーションなどのソフトウェアの力を借りる必要があります。

浸透深さと電力半減深度

ここで、吸収電力以外に誘電体媒質がもつ電磁波吸収の性質を表す代表的な指標を二つ紹介します。電磁波を吸収する媒質には物理的な寸法があり、電磁波は徐々に減衰しながら媒質中を伝播します。つまり、電磁波が媒質中を伝播できる距離には限界があり、媒質の寸法が非常に大きくなると電磁波は媒質の中心まで届かなくなるのです。よって、電磁波が媒質中をどこまで伝播できるかを表す指標は、媒質中の電磁波の振る舞いを理解する上でとても重要です。

まず「浸透深さ」は、電磁波が媒質に入射された際に、電磁波電力が元の入射電力と比べて1/eに減衰するまでの距離で定義されます（eは自然対数の底で2.718 28……)。浸透深さLはマックスウェル方程式から導出することができ、式(2)で表されます。ただし、cは光速です。

$$L=\frac{c}{4\pi f}\sqrt{\frac{2}{\varepsilon_r(\sqrt{1+\tan^2\delta}-1)}} \qquad (2)$$

浸透深さと似たような指標として「電力半減深度」があります。電力半減深度Dはその名の通り、電力が半分に減衰するまでの距離であり、式（3）で表されます。ただし、lnは自然対数のことです。

$$D=\frac{c\ln 2}{4\pi f}\sqrt{\frac{2}{\varepsilon_r(\sqrt{1+\tan^2\delta}-1)}} \qquad (3)$$

また、実際の数値を代入してみると、上式の近似式として式(4)でも算出できるので挙げておきます。

$$D=\frac{3.3\times10^7\ \mathrm{m/s}}{f\sqrt{\varepsilon_r}\tan\delta} \qquad (4)$$

浸透深さ、電力半減深度のいずれの場合も、パラメータとなるのは周波数、比誘電率および誘電正接です。どのパラメータの場合も、値が大きくなるほど浸透深さや電力半減深度は小さくなることが式からわかります。ただし、周波数の関係性については媒質そのものの問題ではなく、媒質中を伝播する電磁波の波長が周波数に反比例することに起因しています。

なお、浸透深さと似たような用語に「表皮深さ」というものがあるのですが、浸透深さと表皮深さは全く異なる物理現象に対して定義された用語なので、混同しないように注意しましょう。表皮深さは、金属などの良導体に電磁波を入射した際に、どの程度の距離まで電磁波が入射できるかを表すための指標であり、表皮効果とよばれる物理現象に起因します。

また表皮深さの定義に関しても電磁波の電力を基準としておらず印加電磁波の電界が基準となっており、電界強度が元の入射電磁波の電界強度と比べて **1/e** に減衰するまでの距離で定義されます。よって、浸透深さは誘電体媒質の電力減衰の指標、表皮深さは導体の電界減衰の指標であり、全くの別物として認識しましょう。

5-6 ✦ ワイヤレス電力伝送

2010年代になり、スマートフォンを充電パッドに置いておくだけで、スマートフォンの充電が完了する装置（ワイヤレス充電器）が出回るようになりました。読者の皆さんの中には、既に使っている人もいることでしょう。コンセントに挿して機器に電気を供給・充電することが当たり前だった時代から、いよいよ「ワイヤレス電力伝送」の時代になろうとしています。

ワイヤレス電力伝送とは、文字通り電線（ワイヤー）を使わずに電力をワイヤレスで送り届ける手法のことです。特に、直流電源や商用交流電源から発生される電気エネルギー（電力）を別の周波数の電気エネルギーに変換し、電源から機器へワイヤレスで電力を送り届けることを目指しています。例えば太陽から太陽電池搭載機器へのエネルギー伝送も電線を使わない電力供給方法の一つではありますが、このような場合はワイヤレス電力伝送とはよばれません。

ワイヤレス電力伝送の技術的方式にはいくつかありますが、方式のよび方や分類は現在のところ確定的ではなくさまざまな用語が飛び交っています。例えば「ワイヤレス電力伝送」という用語ですら「無線電力伝送」「無線送電」「ワイヤレス給電」など、いくつものよび方が混在しており、統一されていないのが実情です。ここでは、総務省の資料『電波有効利用成長戦略懇談会 報告書（平成30年8月）』にみられる分類をもとにワイヤレス電力伝送を紹介することにします。

総務省の資料では、ワイヤレス電力伝送方式を**図24**に示す二つに大別しています。一つは「近接結合型」、もう一つは「空間伝送型」です。

近接結合型ワイヤレス電力伝送（実用化済み）

〔特徴〕
・給電側と受電側の二つのコイルが起こす「磁界共振」などによる給電
・伝送距離はとれないが、大電力化·高効率化可能

〔送電電力〕数 W～100 kWクラス
〔送電距離〕数 mm～数十 cm
〔伝送効率〕最大 90％程度
〔用途〕携帯電話、電気自動車への給電など

利用イメージ

携帯電話への給電

電気自動車への給電

空間伝送型ワイヤレス電力伝送（実験段階）

〔特徴〕
・アンテナを用い、電波を利用して給電
・長距離伝送に有効、効率は一般的に低い

〔送電電力〕数 mW～数100 W
〔送電距離〕数 m～数 km以上
〔伝送効率〕一般には数%以下
〔用途〕センサー、災害地域への給電など

利用イメージ

センサーへの給電

災害地域への給電

図24 ワイヤレス電力伝送方式の分類［出典：総務省 電波有効利用成長戦略懇談会 報告書（平成 30 年 8 月）］

近接接合型

近接結合型とは、電力を供給する給電側と電力を受け取る受電側との距離が数 mm～数十 cm と近い場合のワイヤレス電力伝送方式を指します。この方式では、電磁誘導を利用した電動歯ブラシや電気シェーバーへのワイヤレス充電が古くから実用化されています。また、従来の電磁誘導方式のワイヤレス電力伝送は規格が統一されておらず、各メーカーによってさまざまでした。そこで、ワイヤレスパワーコンソーシアムという業界団体により、2010 年に標準規格の「Qi（チー）規格」が策定されました。現在市販されているスマートフォンのワイヤレス充電器は Qi 規格に基づいています。

近接結合型のもう一つの技術方式は、電磁界結合方式とよばれるものです。これは、結合器（コイルとコンデンサを利用したものが多い）を送受信機の両方に設置し、送電周波数において効率よく結合させることで電力を一方から他方にワイヤレス送電するというものです。このときの送電効率は、結合器の共振のよさ（「Q 値」とよびます）と結合器間の結合係数の積で決まります。

近接結合型ワイヤレス電力伝送のメリットは、伝送効率が空間伝送型と比べて高い点が挙げられます。デメリットは、送電距離が数 mm～数十 cm 程度と近距離でしか効率よく送電できない点です。送電原理が電磁誘導あるいは電磁界結合であるため、送受電間距離が離れると途端に電力が届かなくなるのです。

周波数に関しては、近接結合型ワイヤレス電力伝送では数十 kHz～数十 MHz の範囲で多くの研究開発がなされており、空間伝送型ワイヤレス電力伝送よりも低い周波数での利用が想定されています。電子回路内の半導体デバイスは一般的に周波数が低いほどエネルギー効率がよくなる傾向にあるため、デバイス効率の観点でも近接結合型ワイヤレス電力伝送のほうが空間伝送型ワイヤレス送電よりも高効率になることが多いといえます。

空間伝送型

一方で空間伝送型ワイヤレス電力伝送は、アンテナを用いて空間中に電波を放射し、その電波を受電することによって電力をワイヤレスで授受するという仕組みです。

空間伝送型ワイヤレス電力伝送の最大のメリットは、近接結合型と比較して送電距離が遠方まで伸ばせる点にあります。遠くまで届くという点は電波の特徴の一つであり、原理的には何万 km 離れていようとエネルギーの授受は可能です。ただし、空間伝送型のデメリットとして伝送効率が悪いことが挙げられ、伝送効率を高めるには相応の面積をもった送受電アンテナが必要となります。

周波数に関しては、2.45 GHz 帯や 5.8 GHz 帯のマイクロ波帯で研究開発されている事例がほとんどです。マイクロ波帯で研究開発が続いている理由の一つとしては、初期の空間伝送型ワイヤレス電力伝送の研究開発において「宇宙太陽光発電構想」への利用が想定されていた点が挙げられます。

宇宙太陽光発電構想とは、**図 25** に示すように宇宙空間に巨大な太陽電池パネルを設置し、そこで発生した電力を地球へワイヤレス電力伝送するという構想でのことです。1968 年にアメリカのピーター・グレーザーにより提唱された当時の動機付けとしては、化石資源消費の爆発的増加予測に対する代替電力源、および公害の増加などの環境コストに対する代替アプローチでした。

この構想を実現するためには、宇宙から地上へのワイヤレス電力伝送の高効率化が必要不可欠であり、そのためには直径数 km もの大きさをもった送電アンテナを設置する必要があるなど技術的なハードルはきわめて高いものです。現在でも仕様変更をしながら宇宙太陽光発電の実現を目指した研究開発が日本を含め各国で行われています。

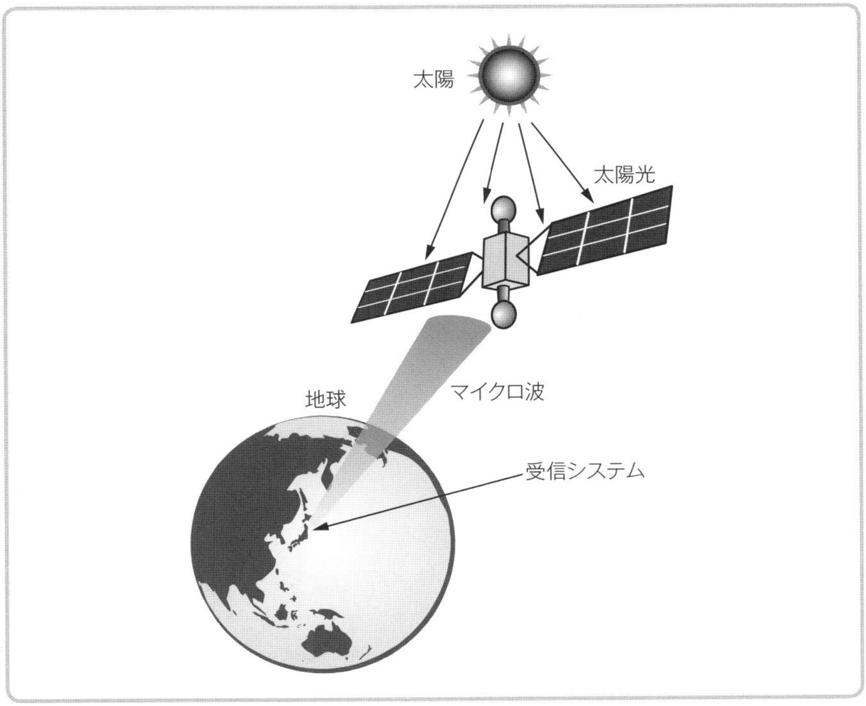

図 25 宇宙太陽光発電構想の概念図。宇宙に巨大な太陽電池パネルを設置し、発生した電力を地球に向かってワイヤレス電力伝送することで電気エネルギーを獲得する。

では、宇宙太陽光発電構想を実現するための空間伝送型ワイヤレス電力伝送の電波としてマイクロ波帯を採用するのはなぜでしょうか？　これは地球の大気環境のせいなのです。ここで、宇宙・地球間の電波伝播時に発生する電波強度の減衰量を周波数に対してグラフ化したものを**図 26** に示しましょう。

図中の(a)～(d)は、それぞれ（a）電離層シンチレーション、（b）降雨減衰

（25 mm/h、降雨中を 2 km 通過する場合）、（c）晴天時の大気吸収、（d）大気圏シンチレーション、とよばれる地球上の大気にまつわる自然現象です。シンチレーションとは電波強度の時間的変動のことを指しますが、ここでは電波の減衰と同様に捉えても差し支えありません。

まず(a)の傾向をみると、周波数が低くなるほど減衰量が増えることがわかります。一方で(b)や(d)の傾向をみると、周波数が高くなるほど減衰量が増えることがわかります。晴天時の大気の吸収として、水（H_2O）は 10 GHz から減衰量が増え、さらに 50 GHz 以上では酸素（O_2）の減衰量も著しく増加します。つまり宇宙・地球間の電波伝播においては、周波数が高くても低くても減衰量が増えるので、高効率で電力伝送するための最適な周波数帯が存在することになります。その周波数帯こそが 1 GHz～10 GHz あたりのマイクロ波帯なのです。この減衰量の少ない帯域のことを「電波の窓」とよびます。

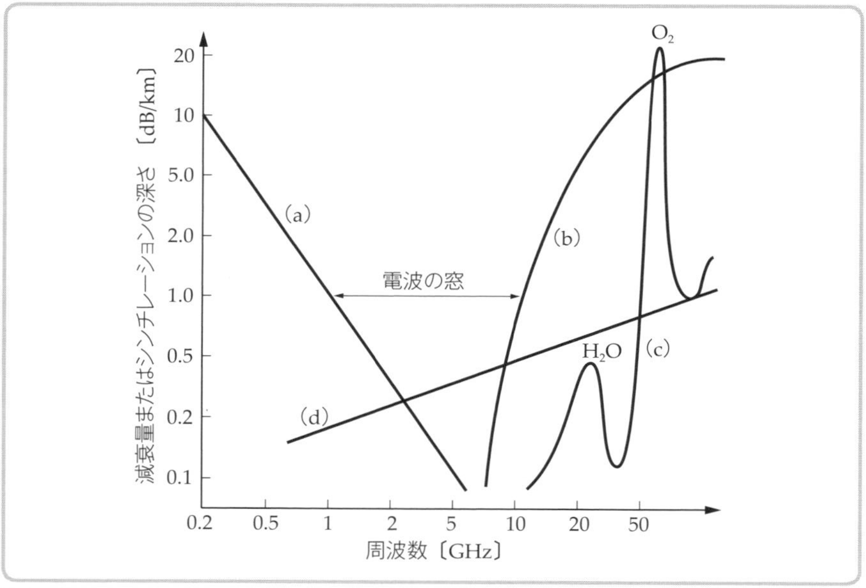

図 26 **宇宙・地球間の電波伝播時に発生する電波強度の減衰量。（a）電離層シンチレーション（場所や太陽活動で変化）、（b）降雨減衰（25 mm/h、降雨中を 2 km 通過する例）、（c）晴天時の大気吸収、（d）大気圏シンチレーション（気候帯によって異なる）**［出典：野坂邦史、村谷拓郎：『衛星通信入門』、p. 33、オーム社（1986）］

以上の理由から、空間伝送型ワイヤレス電力伝送の研究開発の多くはマイクロ波帯で検討されています。近年では、IoT（Internet of Things）機器などの小型・小電力無線機器に対するワイヤレス電力伝送や、ドローンからセンサーへのワイヤレス電力伝送、地上からドローンへのワイヤレス電力伝送による電力供給などが検討されており、近接結合型ワイヤレス電力伝送に続く実用化が期待されています。

参考文献

柴田長吉郎：『工業用マイクロ波応用技術』、電気書院（1986）

塚原保徳：『マイクロ波化学プロセスのグローバルスタンダード化』、MWE 2018 ワークショップダイジェスト、FR5A-3（2018）

福田益美：『電磁波を拓いた人たち　日本人も歩んだ400年の旅』、アドスリー（2008）

日本電子機械工業会 電子管研究会 編：『電子管の歴史』、オーム社（1987）

山崎俊雄、木本忠昭：『新版　電気の技術史』、オーム社（1992）

付録　電磁波の分類

電磁波は周波数（波長）の違いで分類することができます。**付表**に電磁波の種類の名称、周波数、真空中の波長、光子エネルギーをまとめました。

電磁波の中で「光」という言葉を使うとき、一般的には可視光線を思い浮かべますが、そこには赤外線、可視光線、紫外線の三つが含まれています（4章参照）。紫外線、エックス線（X線）、ガンマ線（γ線）の波長について、実はそれほど明確な線引きはないようで、使用する分野によっておのおのの定義がされています。一方、電波法という日本の法律では、周波数3THz以下の電磁波のことを電波と定義しています（5章参照）。波長の長い電磁波は回折しやすく、多少の障害物は乗り越えることができ、遠くまで届きます。

✦ Column　テラヘルツ

電磁波にはまだまだ未開な周波数（波長）が残っており、その一つにテラヘルツという電磁波があります。ちょうど光と電波の間にある電磁波で、1 THz（波長300 µm）近傍の電磁波を指し、「光」と「電波」の中間の性質をもった電磁波として、その応用が期待されています。例えば、テラヘルツは電波のように、紙、布、プラスチックなどを透過する特徴をもっていますが、金属などの一部の物質は光のように固有の吸収をします。

この特徴を利用して、例えば、封筒に入った麻薬にテラヘルツを照射すると、封筒を透過して中の麻薬の成分をスペクトル分析することができます。また、危険物持ち込み検査機などにはX線がよく使われますが、被曝の問題から長時間で強力な出力のスキャンができません。しかし、テラヘルツを利用すれば衣類を通して、体に隠した刃物や爆薬などを同様にイメージングすることができ、人体に対しても安全です。今後、このような未開な電磁波がさまざまな製品へ利用されることで、より便利な生活ができるようになるでしょう。

付表 電磁波の分類（名称、周波数、波長、光子エネルギー）

名称			周波数	真空中の波長（長→短）		光子エネルギー（弱→強）
			Hz		指数表記〔m〕	eV
電波		極超長波（ELF）	1 ～ 30	30万 km ～ 1万 km	10^{8} ～ 10^{7}	～ 10^{-13}
電波		SLF	30 ～ 300	1万 km ～ 1 000 km	10^{7} ～ 10^{6}	10^{-13} ～ 10^{-12}
電波		ULF	300 ～ 3 k	1 000 km ～ 100 km	10^{6} ～ 10^{5}	10^{-12} ～ 10^{-11}
電波		超長波（VLF）	3 k ～ 30 k	100 km ～ 10 km	10^{5} ～ 10^{4}	10^{-11} ～ 10^{-10}
電波		長波（LF）	30 k ～ 300 k	10 km ～ 1 km	10^{4} ～ 10^{3}	10^{-10} ～ 10^{-9}
電波		中波（MF）	300 k ～ 3 M	1 km ～ 100 m	10^{3} ～ 10^{2}	10^{-9} ～ 10^{-8}
電波		短波（HF）	3 M ～ 30 M	100 m ～ 10 m	10^{2} ～ 10	10^{-8} ～ 10^{-7}
電波		超短波（VHF）	30 M ～ 300 M	10 m ～ 1 m	10 ～ 1	10^{-7} ～ 10^{-6}
電波	マイクロ波	極超短波（UHF）	300 M ～ 3 G	1 m ～ 10 cm	1 ～ 10^{-1}	10^{-6} ～ 10^{-5}
電波	マイクロ波	センチ波（SHF）	3 G ～ 30 G	10 cm ～ 1 cm	10^{-1} ～ 10^{-2}	10^{-5} ～ 10^{-4}
電波	マイクロ波	ミリ波（EHF）	30 G ～ 300 G	1 cm ～ 1 mm	10^{-2} ～ 10^{-3}	10^{-4} ～ 10^{-3}
電波	マイクロ波	サブミリ波	300 G ～ 3 T	1 mm ～ 100 μm	10^{-3} ～ 10^{-4}	10^{-3} ～ 10^{-2}
赤外線		遠赤外線	3 T ～ 3 000 T	100 μm ～ 15 μm	10^{-4} ～ 10^{-5}	10^{-2} ～ 1
赤外線		中赤外線		15 μm ～ 2.5 μm	10^{-5} ～ 10^{-6}	
赤外線		近赤外線		2.5 μm ～ 0.77 μm	10^{-6} ～ 10^{-7}	
可視光線		赤	10^{15}程度	0.77 μm ～ 0.64 μm	10^{-7}m程度	1.6 ～ 3.2 程度
可視光線		橙		0.64 μm ～ 0.59 μm		
可視光線		黄		0.59 μm ～ 0.55 μm		
可視光線		緑		0.55 μm ～ 0.49 μm		
可視光線		青		0.49 μm ～ 0.43 μm		
可視光線		紫		0.43 μm ～ 0.38 μm		
紫外線		近紫外線	10^{15}程度	380 nm ～ 200 nm	10^{-7}m程度	3.2 ～ 4.4 程度
紫外線		遠紫外線 真空紫外線	1.5×10^{15} 3×10^{16}	200 nm ～ 10 nm	10^{-7} ～ 10^{-8}	10 ～ 10^{2}
エックス線		軟エックス線	3×10^{16} ～ 3×10^{17}	10 nm ～ 1 nm	10^{-8} ～ 10^{-9}	10^{2} ～ 10^{3}
エックス線			3×10^{17} ～ 3×10^{18}	1 nm ～ 1 Å	10^{-9} ～ 10^{-10}	10^{3} ～ 10^{4}
エックス線			3×10^{18} ～ 3×10^{19}	1 Å ～ 0.1 Å	10^{-10} ～ 10^{-11}	10^{4} ～ 10^{5}
エックス線	ガンマ線	0.1 ～ 0.01 Å 以下	3×10^{19} ～ 3×10^{20}	0.1 Å ～ 1 pm	10^{-11} ～ 10^{-12}	10^{5} ～ 10^{6}
エックス線	ガンマ線		3×10^{20} ～ 3×10^{21}	1 pm ～ 100 fm	10^{-12} ～ 10^{-13}	10^{6} ～ 10^{7}
エックス線	ガンマ線		3×10^{21} ～ 3×10^{22}	100 fm ～ 10 fm	10^{-13} ～ 10^{-14}	10^{7} ～ 10^{8}
エックス線	ガンマ線		3×10^{22} ～ 3×10^{23}	10 fm ～ 1 fm	10^{-14} ～ 10^{-15}	10^{8} ～ 10^{9}

k：キロ、10^{3}
M：メガ、10^{6}
G：ギガ、10^{9}
T：テラ、10^{12}
μ：マイクロ、10^{-6}
n：ナノ、10^{-9}
1 Å = 0.1 nm = 100 pm
p：ピコ、10^{-12}
f：フェムト、10^{-15}
1 eV = 1.602×10^{-19} J
$h = 6.626\times10^{-34}$ J·s
c = 299 792 458 m/s

索 引

ア行

カ行

サ行

タ行

〈著者略歴〉

堀越　智（ほりこし　さとし）
上智大学理工学部物質生命理工学科　教授

学生時代の専門は物理化学で、界面化学や光化学を得意としていた。その頃、研究を進める中で、化学反応における「マイクロ波の量子的振る舞い」に気づき、マイクロ波エネルギーに魅了される。現在は、マイクロ波または光をエネルギーとして用いた、新しい、「化学、材料、環境、エネルギー、生命、生物、食品、物理」などに興味が広がり、「The Best or Nothing」の姿勢で、電磁波科学という新しい学問分野を考え、基礎から社会実装まで邁進している。

三谷友彦（みたに　ともひこ）
京都大学生存圏研究所　准教授

学生時代の専門は電気電子工学で、主にマイクロ波電子管（マグネトロン）を用いたマイクロ波電力伝送システムの研究開発を行った。その後、京都大学生存圏研究所の発足を契機に、マイクロ波照射加熱を利用した木質バイオマス前処理などの研究開発に従事する。以降、農学のみならず、化学、材料科学、生物学などの研究者とともにマイクロ波加熱応用に関する異分野融合研究に電磁波工学の立場から携わる。現在は、マイクロ波をエネルギー媒体として捉え、マイクロ波電力伝送システム、および従来にはない新たなマイクロ波加熱システムの基礎研究から応用研究を行っている。

樫村京一郎（かしむら　けいいちろう）
中部大学工学部　准教授

学生時代の専門は熱力学で、プラズマを用いて熱プラズマを研究していた。研究を進めている中で、「化学プロセスにおける対象への高速エネルギー供給法」に興味が移り、電磁波加熱・プラズマ加熱を研究するようになる。現在は、マイクロ波を熱源として用いた「新しい加熱プロセスの実用化」へ興味が広がり、食品加熱から高温プロセスまで幅広い温度帯を対象とするようになった。企業向けセミナー講師や実用化への技術コンサルタント活動を精力的に推進している。

光・電波・電磁波の基本と応用がよくわかる本

2021年10月25日　第1版第1刷発行
2022年7月10日　第1版第3刷発行

著　者　堀越　智・三谷友彦・樫村京一郎
発行者　村上和夫
発行所　株式会社 オーム社
郵便番号　101-8460
東京都千代田区神田錦町3-1
電話　03(3233)0641(代表)
URL　https://www.ohmsha.co.jp/

組版　明昌堂　　印刷・製本　壮光舎印刷
ISBN978-4-274-22749-3　Printed in Japan